Walter Müller

Galvanische Schichten und ihre Prüfung

Viewegs Fachbücher der Technik

Fertigungstechnik

Es erscheinen folgende Bände:

Zerspantechnik

Umformtechnik

Stanztechnik

Gießtechnik

Schweißtechnik

Galvanische Schichten und ihre Prüfung

Oberflächenschutzschichten und Oberflächenvorbehandlung

Werkzeugmaschinen

Vorrichtungsbau

Meß- und Prüftechnik

Walter Müller

Galvanische Schichten und ihre Prüfung

Mit 53 Bildern und 21 Tabellen

Friedr. Vieweg + Sohn · Braunschweig

Dr.-Ing. *Walter Müller* ist Fachhochschullehrer der Fachhochschule Hagen, Abteilung Iserlohn, Fachbereichsleiter „Physikalische Technik“ und Stellvertreter des Rektors der Fachhochschule Hagen.

Verlagsredaktion: *Alfred Schubert, Willy Ebert*

ISBN 978-3-528-04058-1 ISBN 978-3-322-90604-5 (eBook)
DOI 10.1007/978-3-322-90604-5

1972

Satz: Friedr. Vieweg + Sohn, Braunschweig

Vorwort

Ursprünglich sollten die Vorbehandlung, die wichtigsten Verfahren des Oberflächenschutzes metallischer Werkstücke und die Prüfung der Schutzschichten in einem Band „Oberflächentechnik“ dargestellt werden. Der sich ergebende Umfang ließ es jedoch ratsam erscheinen, eine Aufteilung in zwei Bände vorzunehmen.

Der Band „Galvanische Schichten und ihre Prüfung“ ist der Theorie und Praxis galvanischer Schutzverfahren und der Prüfung von Schutzschichten verschiedenster Art gewidmet. Der Band „Oberflächenschutzschichten und Oberflächenvorbehandlung“ behandelt eine Anzahl anderer Oberflächenschutzverfahren sowie die mechanischen, chemischen und elektrochemischen Verfahren zur Erzielung einer erwünschten Oberflächengüte.

Beide Bände machen den in der Ausbildung stehenden Techniker und Studenten der Ingenieurwissenschaften mit den Methoden und Möglichkeiten des Oberflächenschutzes vertraut. Darüber hinaus bieten sie aber auch dem in der Praxis stehenden Betriebsingenieur in mancherlei Hinsicht eine Hilfe, wenn es darum geht, Fehlerursachen zu erkennen und zu beseitigen.

Im vorliegenden Band ist unter anderem der Einrichtung einer Galvanik, der optimalen Spülmethode mit der Möglichkeit erheblicher Wassereinsparung und der Abwasserreinigung ein besonderes Kapitel gewidmet.

In einem eigenen Abschnitt findet sich eine vergleichende Gegenüberstellung von Korrosionsschutzschichten auf Eisen und Stahl und ihres Verhaltens in verschiedenen Atmosphären.

Ebenso wurde das Galvanisieren von Kunststoffen nach dem derzeitig neuesten Stand behandelt.

Im Kapitel „Prüfverfahren“ wird unter anderem auf die wichtigsten Methoden der Korrosionsbeständigkeitsprüfverfahren ausführlich eingegangen.

Der vorangestellte theoretische Teil zur Galvanotechnik vermittelt die wesentlichen Zusammenhänge, ohne z. B. auf die detaillierten Vorgänge einzugehen, die mit der Elektrokristallisation verbunden sind.

Besonderer Dank gilt den einschlägigen Firmen und Herrn Dipl.-Ing. *Justus Mundt*, Hamburg, für die Überlassung von Bildunterlagen, sowie Herrn Dipl.-Chem. *Gerhard Kloetz*, Fachhochschule Hagen, Abt. Iserlohn, für Anregungen zur Ausgestaltung der „Korrosionsfestigkeitsprüfungen“.

Für anregende Kritik ist der Verfasser stets dankbar. Mögen die Bände dem Techniker und Ingenieur in der Metallverarbeitung eine wertvolle Hilfe sein.

Iserlohn, im Januar 1972 — Dr.-Ing. *Walter Müller*

Inhaltsverzeichnis

I. Theoretische Grundlagen der Galvanotechnik

A. Allgemeine Grundlagen

1. Elektrolyt-Lösung

a) Begriffe

Bei galvanischen Verfahren werden Metalle aus wäßrigen Salzlösungen (Ausnahme: Verchromen) unter Zuhilfenahme des elektrischen Stromes auf der Werkstückoberfläche abgeschieden. Die Lösung heißt *Elektrolyt*. Ein Elektrolyt ist allgemein eine Flüssigkeit, die den elektrischen Strom leitet. Da ein elektrischer Strom durch sich bewegende elektrische Ladungen dargestellt wird, müssen also im Elektrolyten frei bewegliche Ladungen existieren. Sie sind in Form von *Ionen* [1]) (elektrisch geladene Atome oder Moleküle) vorhanden, also gebunden an materielle Teilchen als Ladungsträger. Der Elektrolyt ist als Ganzes elektrisch neutral; positive und negative Ladungen müssen demnach in gleicher Anzahl vorliegen.

Die Ionen sind einzeln von Wassermolekülen umgeben und dadurch gegeneinander abgeschirmt. Der Wasserhülle ist es zu verdanken, daß die Ionenbeweglichkeiten größenordnungsmäßig gleich groß sind, obwohl die Ionen selbst sehr unterschiedliche Größen haben.

Die elektrische Spannung wird mit Hilfe von *Elektroden* an ein galvanisches Bad gelegt. Das Werkstück selbst bildet die negative Elektrode, die *Kathode*, während die positive Elektrode, die *Anode*, aus dem Metall besteht, das galvanisch aufgebracht werden soll, von Ausnahmen abgesehen.

Die zur Kathode wandernden positiven Ionen heißen *Kationen* [2]), die zur Anode wandernden negativen Ionen werden *Anionen* [3]) genannt. Der Raum zwischen Anode und Kathode ist von einem *elektrischen Feld* erfüllt. Das Feld wird modellmäßig durch Linien dargestellt, die von der Anode zur Kathode verlaufen. Die *elektrischen Feldlinien* verlassen die Anode senkrecht zur Oberfläche und enden senkrecht auf der Kathodenoberfläche. Als Maß dient die *elektrische Feldstärke* E; sie wird in Volt/Meter (V/m) gemessen und kann bildlich dargestellt werden als Anzahl der Feldlinien, die die Flächeneinheit senkrecht durchsetzen. Bestehen die Elektroden aus ebenen

---

[1]) Ion (griech.) = das Wandernde

[2]) Kation = das Hinabwandernde

[3]) Anion = das Hinaufwandernde

Platten im Abstand s voneinander, und liegt zwischen den Platten die Spannung U, so ist das elektrische Feld im Raum zwischen den Platten praktisch homogen und die Feldstärke gleich U/s (von Randabweichungen abgesehen). Ist die Werkstückoberfläche (als Kathode) nicht eben, sondern aus der Ebene heraus verformt, so ist das elektrische Feld nicht mehr homogen und die Feldliniendichte und damit die Feldstärke an der Werkstückoberfläche verschieden groß. Hierdurch wird die Gleichmäßigkeit der Schichtdicke des galvanischen Niederschlags beeinflußt.

b) Säure-, Lauge-, Salzlösungen

Elektrolyte sind wäßrige Säure-, Lauge- und Salzlösungen. Die entsprechenden Moleküle zerfallen in Wasser mehr oder weniger in positive und negative Ionen. In den Molekülen erfolgte der Ladungsaustausch bereits bei ihrer Bildung, wobei das positive Ion ein oder mehrere Elektronen an das negative Ion abgibt (z. B. $Na + Cl = Na^+ Cl^-$). (Positive Ladungen entstehen hier stets durch Abgeben, negative durch Aufnehmen von Elektronen!)

Das Zerfallen von Molekülen wird *Dissoziation* genannt.

Dissoziationsbeispiele:

Säurelösungen:	Säure		⇋	Wasserstoff	+	Säurerest
	HCl	(Salzsäure)	⇋	H^+	+	Cl^-
	HNO_3	(Salpetersäure)	⇋	H^+	+	NO_3^-
	H_2SO_4	(Schwefelsäure)	⇋	$2\,H^+$	+	SO_4^{2-}
	H_3BO_3	(Borsäure)	⇋	$3\,H^+$	+	BO_3^{3-}
Laugelösungen:	Hydroxid		⇋	Metall	+	Hydroxylgruppe
(alkalische, bzw. basische Lösungen)	$NaOH$	(Natriumhydroxid, Natronlauge)	⇋	Na^+	+	OH^-
	$Ca(OH)_2$	(Calciumhydroxid, Kalilauge)	⇋	Ca^{2+}	+	$2\,OH^-$
	$Fe(OH)_3$	(Eisenhydroxid)	⇋	Fe^{3+}	+	$3\,OH^-$
Salzlösungen:	Salz		⇋	Metall	+	Säurerest
	KCl	(Kaliumchlorid)	⇋	K^+	+	Cl^-
	$NiSO_4$	(Nickelsulfat)	⇋	Ni^{2+}	+	SO_4^{2-}
	$Fe_2(SO_4)_3$	(Eisensulfat)	⇋	$2\,Fe^{3+}$	+	$3\,SO_4^{2-}$
Wasser:	H_2O		⇋	H^+	+	OH^-

Das ⇋ stellt ein Gleichheitszeichen mit Pfeilen dar und bedeutet, daß sich zwischen nicht dissoziierten Molekülen und den Zerfallsprodukten ein

Gleichgewichtszustand einstellt. In der Lösung sind also Moleküle und positive und negative Ionen gleichzeitig vorhanden.

Wasser ist eine neutrale Lösung und enthält geringe Mengen H^+- und OH^--Ionen in gleicher Anzahl. Säuren sind durch einen H^+-Ionen-, Laugen durch einen OH^--Ionenüberschuß ausgezeichnet. Salzlösungen enthalten Metall- und Säurerestionen und sind im allgemeinen neutral.

c) Einteilung der Elektrolyte, pH-Wert

Elektrolyte werden in starke und schwache Elektrolyte eingeteilt. Für starke Elektrolyte beträgt der Dissoziationsgrad $\alpha = 0{,}01 \ldots 1$ (1 ... 100 %), für schwache ist $\alpha < 0{,}01$ (< 1 %) in ein-molaren Lösungen (1 mol gelöste Substanz in 1 *l* Lösung).

Wir wählen für das Anion A^-, für das Kation B^+ und für die Konzentration c Mol/Liter (mol/*l*). Für schwache Elektrolyte gilt dann in guter Näherung:

$$\frac{c_{A^-} \cdot c_{B^+}}{c_{AB}} = K_D \qquad \text{(I.1)}$$

(K_D = Dissoziationskonstante)
Mit dem Zerfallsgrad α ist $c_{A^-} = c_{B^+} = \alpha \cdot c$ und $c_{AB} = (1 - \alpha) \cdot c$.
Daraus folgt:

$$\frac{\alpha^2 \cdot c}{1 - \alpha} = K_D \quad \text{und für } \alpha \ll 1: \; \alpha \approx \sqrt{\frac{K_D}{c}}$$

Beispiel
Essigsäure ($CH_3COOH \rightleftharpoons CH_3COO^- + H^+$); $K_D = 1{,}8 \cdot 10^{-5}$ mol/*l*

$$\alpha \approx \sqrt{\frac{K_D}{c}}$$

c	0,1	0,05	0,01	0,001	0,0001
$\alpha_{ber.}$	0,01344	0,0189	0,0425	0,1344	0,425
$\alpha_{gem.}$	0,0135	0,019	0,042	0,127	0,352

In schwachen Elektrolyten nimmt der Zerfallsgrad mit steigender Verdünnung zu.

Beispiel
Wasser: 1 Liter Wasser besteht aus $\frac{1000}{18} = 55{,}55$ Molen H_2O. Seine Konzentration beträgt demnach 55,55 mol/*l*.
Es ist ferner (bei 25 °C):

$$\frac{c_{H^+} \cdot c_{OH^-}}{c_{H_2O}} = \frac{c_{H^+} \cdot c_{OH^-}}{55{,}55} = 1{,}813 \cdot 10^{-16} \; \frac{\text{mol}}{l}$$

Für das Ionenprodukt ergibt sich: $c_{H^+} \cdot c_{OH^-} = 55{,}55 \cdot 1{,}813 \cdot 10^{-16}$

$$\boxed{c_{H^+} \cdot c_{OH^-} \approx 1 \cdot 10^{-14} \quad (25\,°C)} \tag{I.2}$$

Dieses Ionenprodukt bleibt in wäßrigen Lösungen konstant (für konstante Temperatur), auch wenn Säure oder Lauge zugegeben wird. In neutraler Lösung ist $c_{H^+} = c_{OH^-} \approx 10^{-7}$ mol/*l*. Wird durch Säurezugabe die Wasserstoffionenkonzentration erhöht, so erniedrigt sich die Hydroxylionenkonzentration derart, daß das Ionenprodukt 10^{-14} bleibt. Bei Laugenzugabe tritt der umgekehrte Fall ein.

Beschränkt man sich für verdünnte Lösungen auf Säure- und Laugekonzentrationen von maximal 1 mol/*l*, so schwanken in wäßrigen Lösungen die H^+- bzw. OH^--Konzentrationen zwischen 1 und 10^{-14} mol/*l*. Lösungen mit $c_{H^+} > 10^{-7}$ mol/*l* sind sauer (gleichzeitig ist $c_{OH^-} < 10^{-7}$ mol/*l*), Lösungen mit $c_{H^+} < 10^{-7}$ mol/*l* sind alkalisch (gleichzeitig ist $c_{OH^-} > 10^{-7} \frac{mol}{l}$).

Zur Vereinfachung hat es sich eingebürgert, eine wäßrige Lösung durch ihren pH-Wert zu charakterisieren. Unter pH-Wert versteht man den negativen (Briggsschen) Logarithmus der Wasserstoffionenkonzentration in mol/*l*.
Also:

$$\boxed{pH = -\log c_{H^+}} \tag{I.3}$$

(Entsprechend gilt: $pOH = -\log c_{OH^-}$)

Gemäß $c_{H^+} \cdot c_{OH^-} = 10^{-14}$ ist pH + pOH = 14 (25 °C) bzw. pOH = 14 − pH. Für $c_{H^+} = 1$ mol/*l* ist der pH-Wert = Null, für $c_{H^+} = 10^{-7}$ mol/*l* ist pH = 7 und für $c_{H^+} = 10^{-14}$ mol/*l* ist pH = 14. Die folgende Skala gibt die pH-Bereiche für Säuren, Laugen und neutrale Lösungen an.

pH =	0	1	2	3	4	5	6	7	8	9	10	11	12	13	14
	(14	13	12	11	10	9	8	7	6	5	4	3	2	1	0 = pOH)

← sauer ——— neutral ——— alkalisch →

Zahlenbeispiel für pH-Wertberechnung: $c_{H^+} = 1{,}8 \cdot 10^{-5}$ mol/*l* pH = 4,745, da:
$\log(1{,}8 \cdot 10^{-5}) = \log 1{,}8 + \log 10^{-5} = 0{,}255 - 5 = -4{,}745$.

2. Pufferlösungen

Lösungen, die eine schwache Säure oder eine schwache Base und deren Salz in vergleichbarer Konzentration enthalten, werden Pufferlösungen genannt, da ihr pH-Wert in gewissen Grenzen unempfindlich (gepuffert) ist gegen weitere Säuren- oder Laugenzugabe.

Nach Gleichung (I.1) gilt mit $B^+ = H^+$:

$$c_{H^+} = K_D \cdot \frac{c_{AH}}{c_{A^-}} \approx K_D \cdot \frac{c_{Säure}}{c_{Salz}}, \quad (I.4)$$

da c_{AH} praktisch gleich $c_{Säure}$ und c_{A^-} praktisch gleich c_{Salz} ist. Die Säure ist nur sehr wenig, das Salz ist fast vollständig dissoziiert. Für eine Lauge-Salz-Lösung gilt nach Gl. (I.1) mit $A^- = OH^-$ entsprechend:

$$c_{OH^-} \approx K_D \cdot \frac{c_{Base}}{c_{Salz}} = \frac{10^{-14}}{c_{H^+}}.$$

Also:

$$c_{H^+} \approx \frac{10^{-14}}{K_D} \cdot \frac{c_{Salz}}{c_{Base}}$$

Beispiel:

Wäßrige Lösung, die Essigsäure und Natriumacetat in gleicher Konzentration (z. B. je 0,10 mol/*l*) enthält. K_D (Essigsäure) = $1{,}8 \cdot 10^{-5}$.

$$c_{H^+} = 1{,}8 \cdot 10^{-5} \cdot \frac{0{,}10}{0{,}10}$$

entspricht pH = 4,745 (vgl. Zahlenbeispiel S. 4)

Wird 0,01 mol/*l* Fremdsäure eingeschleppt, so wird die H^+-Ionenkonzentration:

$$c_{H^+} = 1{,}8 \cdot 10^{-5} \cdot \frac{0{,}11}{0{,}10} = 1{,}98 \cdot 10^{-5};\ pH = 4{,}703$$

Wird dagegen 0,01 mol/*l* Fremdlauge eingeschleppt, so gilt:

$$c_{H^+} \approx 1{,}8 \cdot 10^{-5} \cdot \frac{0{,}10}{0{,}11} = 1{,}64 \cdot 10^{-5};\ pH = 4{,}786$$

Eine Pufferlösung, die eine schwache Base und ihr Salz enthält, ist z. B. eine wäßrige Lösung aus Ammoniumhydroxid (Ammoniak NH_4OH) und Ammoniumchlorid (Salmiak NH_4Cl).

3. Elektrochemische Spannungsreihe

Taucht man ein Metall in eine Lösung eines seiner Salze, so gehen positive Metallionen aus dem Metall unter der Wirkung eines „Lösungsdruckes" p_L in die Lösung, wobei sie die ihrer positiven Ladung entsprechenden Elektronen auf der Metalloberfläche zurücklassen. Gleichzeitig diffundieren positive Metallionen aus der Lösung unter der Wirkung eines „osmotischen Druckes" p_0 als Metallatome in das Metall, wobei sie die zu ihrer Neutralisation erforderlichen Elektronen an der Metalloberfläche in Empfang nehmen, soweit deren Anzahl ausreicht. Überwiegt der Lösungsdruck den osmotischen

Druck, so gehen pro Zeit- und Flächeneinheit mehr Metallionen in die Lösung als umgekehrt aus der Lösung in das Metall. Die Metalloberfläche lädt sich negativ auf gegen die Lösung. Überwiegt der osmotische Druck, so lädt sich die Metalloberfläche positiv auf, da pro Zeit- und Flächeneinheit mehr positive Metallionen zur Oberfläche gelangen, als neutralisiert werden können.
In beiden Fällen stellt sich zwischen Metalloberfläche und Lösung eine Gleichgewichtspotentialdifferenz [1]) ein. Ihr Wert ist reproduzierbar, wenn eine bestimmte Metallkonzentration (und Temperatur) der Lösung eingestellt wird. Als Konzentration wird ein Grammäquivalent [2]) gelöstes Salz je Liter Lösung (1 val/*l*) festgelegt. Diese Konzentration stellt eine 1-normale Lösung dar. Der geschilderte Vorgang kann aufgefaßt werden als Wechselwirkung zwischen atomarem Metall und dessen Ion und sei der Inhalt des Kurzzeichens $Me/Me^{(+)}$ [3]). Als Folge der Oberflächenladung bildet sich in ihrer Nähe in der Flüssigkeit eine Ionenwolke von nur wenigen Mikrometer (μm) Dicke, die bevorzugt Ionen entgegengesetzten Vorzeichens enthält und die Flächenladung so abschirmt, daß sie nach außen nicht mehr wirksam werden kann.
Bild I.1 zeigt als Beispiel Kupfer in 1-normale Kupfersulfat- und Zink in 1-normale Zinksulfatlösung tauchend.
Der Potentialunterschied zwischen Oberfläche und Ionenwolke ist prinzipiell nicht direkt meßbar, da jede Sonde, auch wenn sie noch so fein wäre, die Verhältnisse stören würde. Stellt man jedoch eine stromleitende Flüssigkeits-

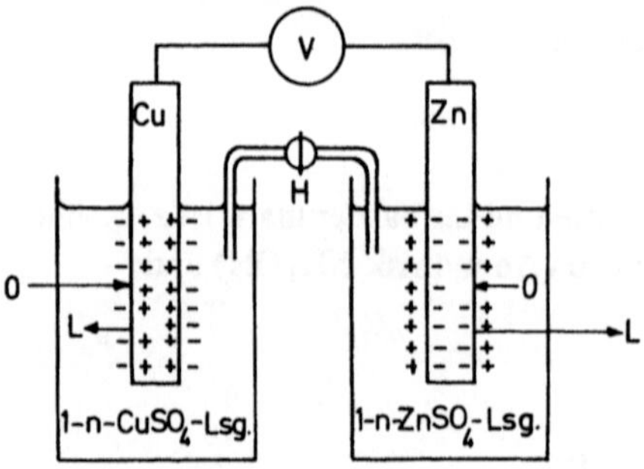

Bild I.1
Daniellelement als Beispiel für das Wechselspiel „Metall/Metall-Ion" (schematisch). Kupfer lädt sich positiv, Zink lädt sich negativ auf. Das mit einem Hahn versehene U-Rohr dient als Flüssigkeitsstrombrücke H. Die mit dem hochohmigen Voltmeter V (z. B. Röhrenvoltmeter) gemessene Spannung beträgt 1,1 V.

---

1) Spannung entsteht durch Trennen von Ladungen verschiedenen Vorzeichens. Für die Potentialdifferenz gilt nach *Nernst,* wenn T die absolute Temperatur und z die Wertigkeit ist:

$$\epsilon_0 = -\frac{0{,}0002\,T}{z}\log\frac{p_L}{p_0} = -\frac{0{,}059}{z}\log\frac{p_L}{p_0} \quad \text{für } T = 293\text{ K} = 20\text{ °C}.$$

2) 1 Grammäquivalent = 1 Mol/Wertigkeit. Wertigkeit = Ionenladung.

3) Die Klammer bedeutet, daß die Ladung mehrwertig sein kann.

brücke zwischen den beiden Lösungen her, ohne daß diese sich vermischen können, und schließt den Stromkreis zwischen den beiden Metallen über ein Voltmeter (mit sehr hohem Innenwiderstand, z. B. ein Röhrenvoltmeter)[1]), so mißt man eine charakteristische Spannung. Im vorliegenden Beispiel beträgt sie 1,1 Volt[2]).

Fließen vom Zink zum Kupfer Elektronen ab, so wird auf beiden Seiten das (natürliche) Gleichgewicht gestört. Im Bestreben das Gleichgewicht der Wechselwirkungen Cu/Cu^{2+} und Zn/Zn^{2+} zu erhalten, geht laufend Zink in Lösung und werden in gleichem Maße Kupferionen adsorbiert. Die Zinksulfatlösung wird konzentrierter, die Kupfersulfatlösung verarmt an Kupferionen. Dadurch wird das Zinkpotential positiver (edler) und das Kupferpotential weniger positiv (unedler), so daß die Spannung zwischen den Metallen abnimmt.

Das Wechselspiel wie zwischen Metallen und ihren Ionen kann prinzipiell für alle Elemente als möglich angenommen werden, also auch zwischen atomarem Wasserstoff und Wasserstoffionen (H/H^+). Es wird verwirklicht im Wasserstoffnormalelement. Bild I.2 zeigt den schematischen Aufbau. Molekularer Wasserstoff wird in 1-normale Salzsäurelösung eingeleitet. Die Gasperlen umspülen ein Platinblech, dessen wahre Oberfläche durch Belegen

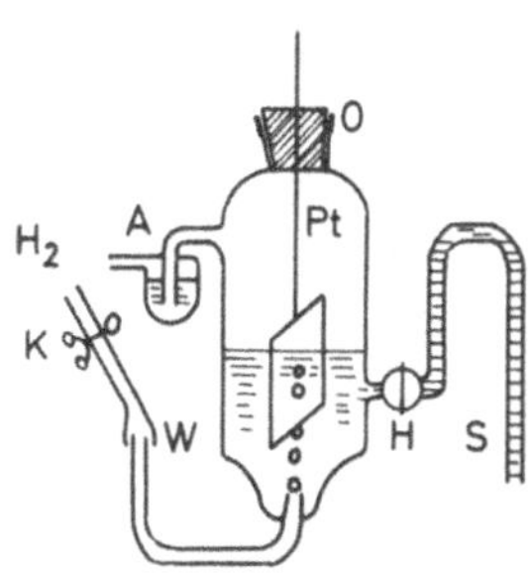

Bild I.2
Wasserstoffnormalelement (schematisch). H_2-Gas perlt an einem Platinblech, das mit fein verteiltem Platin zur Vergrößerung des Oberflächeneffektes bedeckt ist, vorbei und spaltet dabei katalytisch in atomaren Wasserstoff auf, so daß das Wechselspiel H/H^+ stattfinden kann.

---

1) Es gilt: $U = U_0 \frac{R_e}{R_e + R_i}$

U gemessene Spannung
U_0 Spannung für $R_e = \infty$
R_e Eingangswiderstand des Spannungsverstärkers
R_i Innenwiderstand des Elements
Wenn $R_e \geqslant 100 \cdot R_i$ ist, ist der Meßfehler $f \leqslant 1\%$.

2) Das Beispiel entspricht dem Daniell-Element, der historisch ältesten Batterie. Die heutige Taschenlampenbatterie wirkt prinzipiell ähnlich mit anderer Zusammenstellung.

mit fein verteiltem Platin (Platinmohr) sehr groß gemacht wurde im Vergleich zur geometrischen Blechoberfläche. Platin spaltet H_2-Moleküle in H-Atome katalytisch auf, so daß sich am Platinblech die Wechselwirkung H/H^+ einstellen kann. Das Potential des Normalwasserstoffelements wird gleich Null gesetzt und dient für alle andern Halbelemente wie Cu/Cu^{2+} oder Zn/Zn^{2+} als Bezugspotential. Schaltet man Cu/Cu^{2+} gegen das Normalwasserstoffelement, so mißt man eine Spannung von + 0,34 Volt, für Zn/Zn^{2+} gegen H/H^+ eine Spannung von – 0,76 Volt[1]). Kupfer ist positiv, Zink ist negativ gegen das Platinblech des Normalwasserstoffelements. Ordnet man die Potentiale auf einer Leiter an, so erhält man die elektrochemische Spannungsreihe. Metalle, deren Potential positiv ist, sind edler, Metalle mit negativem Potential sind unedler als Wasserstoff. Tabelle I.1 enthält einige Werte der Spannungsreihe.

Tabelle I.1: Elektrochemische Spannungsreihe (Temperatur 20 °C)

Element	Normal-Potential bezogen auf Normal-Wasserstoffelektrode in Volt	Element	Normal-Pot. bez. auf NWE in Volt	Element	Normal-Pot. bez. auf NWE in Volt
Au/Au^+	+ 1,5	Sn/Sn^{2+}	- 0,14	Cr/Cr^{2+}	- 0,56
Hg/Hg^{2+}	+ 0,86	Ni/Ni^{2+}	- 0,25	Zn/Zn^{2+}	- 0,76
Ag/Ag^+	+ 0,81	Co/Co^{2+}	- 0,29	Al/Al^{3+}	- 1,28
Cu/Cu^+	+ 0,52	Cd/Cd^{2+}	- 0,40	Mg/Mg^{2+}	- 1,56
Cu/Cu^{2+}	+ 0,34	Fe/Fe^{2+}	- 0,44	Na/Na^+	- 2,71
H/H^+	0,00	Cr/Cr^{3+}	- 0,51	K/K^+	- 2,92

4. Messung der Wasserstoffionenkonzentration und des pH-Wertes

a) Messung durch Bestimmung der elektromotorischen Kraft

Unter elektromotorischer Kraft (EMK) versteht man die Spannung, die eine Spannungsquelle aufweist, wenn kein Strom entnommen wird. Die Spannung bei Stromfluß heißt Klemmenspannung.

Schaltet man eine Normal-Wasserstoffelektrode über ein Röhrenvoltmeter an eine Wasserstoffelektrode, die anstelle einer 1-normalen HCl-Lösung eine beliebige Lösung enthält, so wird eine von Null verschiedene Spannung angezeigt, wenn die Prüflösung hinsichtlich freier Wasserstoffionen nicht 1-normal ist. Die Flüssigkeitsbrücke zwischen den beiden Elektroden kann hierbei

[1]) 0,34 - (- 0,76) V = 1,1 V

eine gesättigte [1]) Kaliumchloridlösung sein. Die angezeigte Spannung würde, durch 0,058 dividiert, den pH-Wert der Prüflösung ergeben. Da die Handhabung einer Wasserstoffelektrode jedoch umständlich und die Messung selbst langwierig ist, verwendet man zur pH-Messung Ersatzelektroden [2]) und die Normalwasserstoffelektrode nur noch zu deren Eichung.

Bild I.3a und b zeigt eine Normal-Kalomelektrode, die anstelle der Normal-Wasserstoffelektrode verwendet werden kann. Ein Reagenzglas enthält Quecksilber, das frei ist von unedleren Metallen. Darüber befindet sich eine dünne Schicht Kalomelpulver ($Hg_2 Cl_2$). Das Reagenzglas ist weiter mit einer mit Kalomel gesättigten Kaliumchloridlösung [3]) gefüllt. Als Ableitung dient ein Platindraht, der in das Quecksilber eintaucht. Ein in die Glaswand eingeschmolzener Asbestfaden sorgt für die stromleitende Verbindung zur Prüflösung, in die die Kalomelektrode zur Messung eingetaucht wird.
Bild I.3c zeigt eine robustere Kohleableitelektrode (nach *K. F. Herzfeld*), die anstelle des Platindrahtes [4]) eingesetzt werden kann. Die Konzentration der mit Kalomel gesättigten Kaliumchloridlösung ist z. B. 1-normal oder meistens gesättigt. Zur Aufbewahrung taucht die Elektrode in eine gleiche Lösung. Das Potential der 1-normal KCl-Kalomelelektrode gegenüber der Normal-Wasserstoffelektrode beträgt + 0,283 Volt.

Bild I.4a stellt eine Glaselektrode dar mit einer Kalomelektrode zur Stromableitung. Sie enthält eine Spezialglasmembran und ist mit einer Pufferlösung gefüllt. An der Glasmembran tritt ein Potential auf, wenn die Lösung vor der Membran einen anderen pH-Wert hat als die Pufferlösung hinter der Membran. Die Kalomelelektrode (Bild I.3a) und die Glaselektrode stellen ein häufig verwendetes Elektrodenpaar zur pH-Messung dar. Beide Elektroden werden in die Prüflösung getaucht. Das dazwischen geschaltete Meßinstrument ist normalerweise in pH-Werten geeicht. Zur leichteren Handhabung werden beide Elektroden auch als Einstabelektrodenmeßkette in zusammengesetzter Bauart hergestellt (Bild I.4b). Das gesamte Meßsystem kann dargestellt werden in der Form: Pt-Hg/$Hg_2Cl_2 \cdot$ KCl, ges./Pufferlsg (H_i^+)/ Glasmembran/Prüflsg (H_a^+)/ KCl, ges. $\cdot$ Hg_2Cl_2/Hg-Pt [5]).

---

[1]) Eine gesättigte Lösung enthält gelöste Substanz im Überschuß; diese liegt als sog. Bodenkörper vor.

[2]) Es sind Elektroden II. Art, dadurch gekennzeichnet, daß ein Metall in die mit einem seiner Salze gesättigte Lösung eintaucht, während festes Salz gleichzeitig als Bodenkörper vorhanden ist.

[3]) Zur Sättigung mit Kalomel mindestens zwei Stunden auf der Schüttelmaschine schütteln.

[4]) Ein Platindraht bricht an der Einschmelzstelle leicht ab.

[5]) Die Indices i und a bedeuten: „innen" und „außen". i in der Glaselektrode, a in der Prüflösung.

Es gibt noch eine Reihe anderer zur pH-Messung geeigneter Elektroden, auf die hier nicht weiter eingegangen werden soll.

b) Kolorimetrische pH-Messung

Mit $B^+ = H^+$ wird aus Gleichung I.1:

$$\frac{c_{A^-} \cdot c_{H^+}}{c_{AH}} = K_D$$

ferner

$$\frac{c_{H^+}}{K_D} = \frac{c_{AH}}{c_{A^-}} = \frac{1-\alpha}{\alpha}$$

und hieraus:

$$\alpha = \frac{1}{1 + \frac{c_{H^+}}{K_D}} \qquad \text{(I.5)}$$

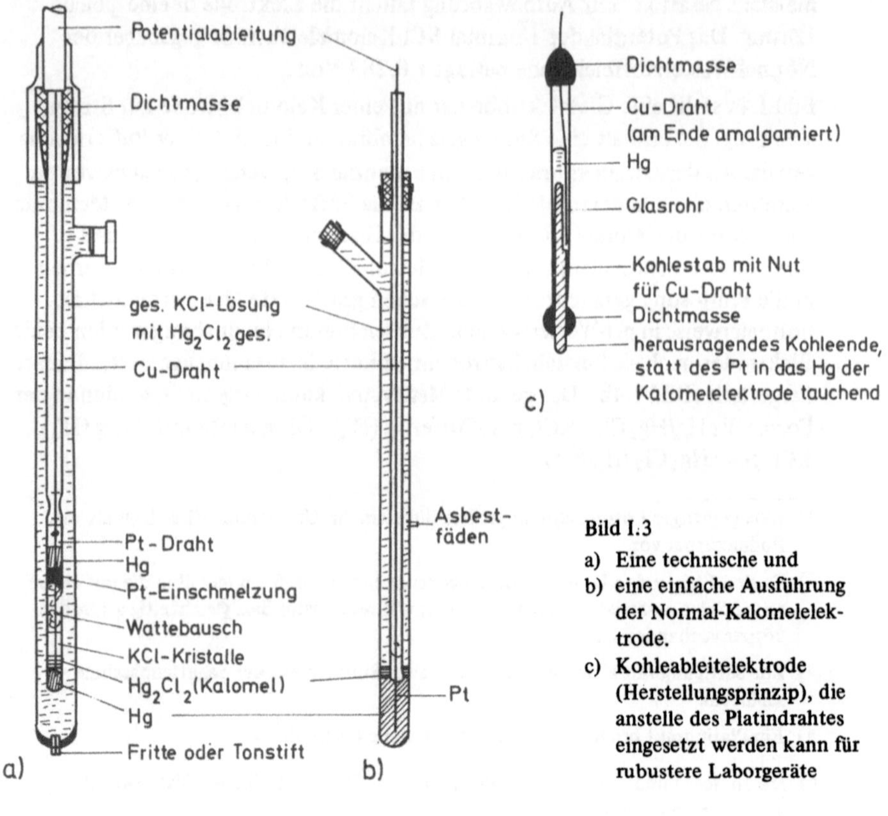

Bild I.3

a) Eine technische und
b) eine einfache Ausführung der Normal-Kalomelelektrode.
c) Kohleableitelektrode (Herstellungsprinzip), die anstelle des Platindrahtes eingesetzt werden kann für rubustere Laborgeräte

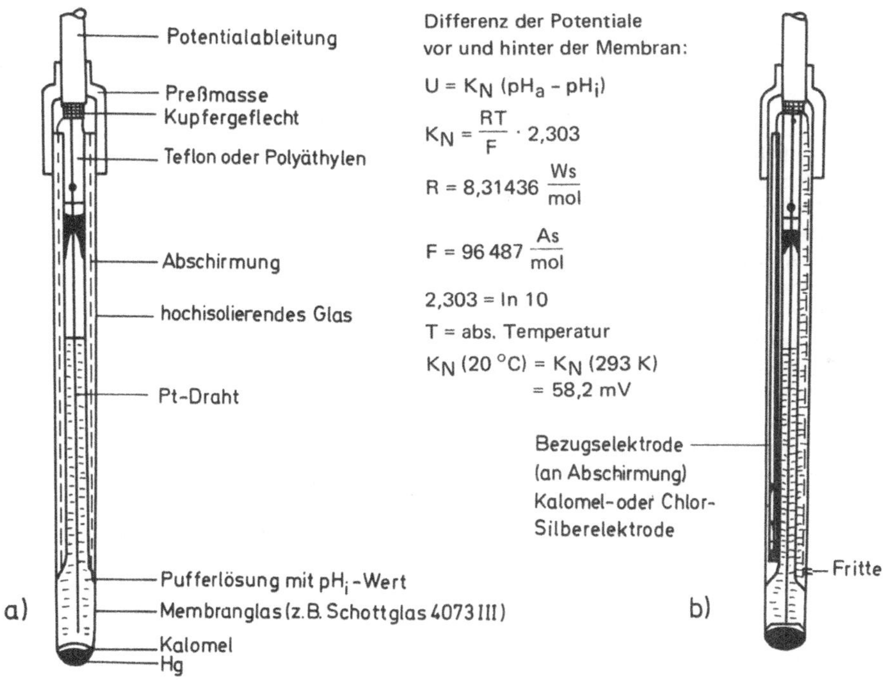

Bild I.4. a) Glaselektrode, b) Zusammengesetzte Bauart von Glas- und Kalomelelektrode

Mit Hilfe der Gleichung I.5 läßt sich der Zerfallsgrad von Indikatorsäuren in Abhängigkeit von der Wasserstoffionenkonzentration einer zu prüfenden Lösung berechnen. Eine Indikatorsäure – ihre Dissoziationskonstante ist K_D – dient zur pH-Wertanzeige und ist dadurch gekennzeichnet, daß sie im dissoziierten Zustand eine andere Farbe besitzt als im nicht dissoziierten. Innerhalb eines pH-Bereichs von meist etwas weniger als zwei pH-Einheiten läßt sich der Farbumschlagsbereich in verschiedene Farbnuancen unterteilen, wobei den Farben bestimmte pH-Werte entsprechen. Die Schritte betragen dabei etwa 0,2 pH-Einheiten.

Die Indikatoren lassen sich entweder flüssig meistens in Form 0,01-prozentiger, alkoholischer Lösungen der Prüflösung zusetzen oder als Indikatorpapiere verwenden, die einfach in die Prüflösung getaucht werden und sich dem pH-Wert entsprechend färben. In beiden Fällen ist eine Vergleichsfarbskala erforderlich.

Universal-Indikatorpapiere der Firma Merck, Darmstadt, gestatten die grobe Festlegung des pH-Wertes in Schritten von je einer pH-Einheit.

Tabelle I.2: Indikatoren und ihr Farbumschlagsgebiet

Handelsname	Farbe in „saurer" Lösung	Umschlagsgebiet pH-Bereich	Farbe in „alkalischer" [1]) Lösung
Methylviolett	blau	0,1 ... 3,2	violett
Thymolblau	rot	1,2 ... 3,8	gelb
Methylorange	rot	3,1 ... 4,4	gelb
Methylrot	anilinrot	4,2 ... 6,3	gelb
p-Nitrophenol	farblos	5,0 ... 7,0	gelb
Lackmus [2])	rot	6 ... 8	blau
Phenolrot	blaßgelb	6,8 ... 8,4	anilinrot
Kresolrot	gelb	7,2 ... 8,8	rot
Thymolblau	gelb	8,0 ... 9,6	tiefblau
Phenolphthalein	farblos	8,3 ... 10,0	rot
Thymolphthalein	farblos	9,3 ... 10,5	blau
Alizaringelb G, R	gelb	10,1 ... 12,1	orange
Tropeolin O	gelb	11,1 ... 12,7	orange

[1]) Die Bezeichnungen sauer und alkalisch bedeuten hier untere und obere Grenze des pH-Bereichs.

[2]) Lackmus ist nur als Indikator verwendbar, ob eine Lösung sauer oder alkalisch ist d. h. ob der pH-Wert unter oder über 7 liegt.

Mit Hilfe kolorimetrischer Methoden kann man den pH-Wert auf etwa 0,1 Einheiten genau ermitteln. Elektrische Methoden erlauben größere Genauigkeiten. Beide Methoden können von einander abweichende Ergebnisse liefern, wobei die kolorimetrischen Werte meistens niedriger liegen. Im Zweifelsfall ist der elektrischen Messung der Vorzug zu geben.

B. Elektrolytische Abscheidung

1. Faradaysche Gesetze der Elektrolyse

Wie in I.1a bereits erwähnt, sind die elektrischen Ladungen an die Ionen als materielle Teilchen gebunden. Die Kräfte auf die Ladungen im elektrischen Feld zwischen Anode und Kathode (Ware) bewirken mit dem Fortbewegen der Ladungen den Ionentransport. Die sich an der Kathode (Werkstückoberfläche) abscheidenden Metallionen der Masse m sind also der transportierten Ladung $Q = I \cdot t$ proportional. Mit $\ddot{A}$ als Proportionalitätsfaktor gilt:

$$m = \ddot{A} \cdot I \cdot t \qquad (I.6)$$

$\ddot{A} = \frac{m}{It}$ bedeutet die Menge, die abgeschieden wird, wenn damit ein Ladungstransport von einer Amperesekunde verknüpft ist. Sie heißt *elektrochemisches Äquivalent* und ist für jede Substanz spezifisch. Das elektrochemische Äquivalent läßt sich berechnen, wenn man ermittelt, welche Ladung It transportiert werden muß, damit die abgeschiedene Menge ein Mol beträgt.

Bei einem einwertigen Stoff (z.B. Silber) trägt jedes Ion eine Elementarladung von $e_0 = 1{,}6 \cdot 10^{-19}$ As. Die Anzahl der Teilchen, die ein Mol ergeben, ist die *Loschmidtsche Zahl* $L = 6{,}03 \cdot 10^{23}\ \text{mol}^{-1}$. Also gilt:

$$I \cdot t = e_0 \cdot L = 1{,}6 \cdot 10^{-19} \cdot 6{,}03 \cdot 10^{23} = 96\,500\ \frac{\text{As}}{\text{mol}} = 26{,}8\ \frac{\text{Ah}}{\text{mol}}\ ^{1)}$$

(Ah = Amperestunden). Bei einer z-wertigen Substanz trägt jedes Teilchen die Ladung $z \cdot e_0$. Hierfür wird $I \cdot t = z \cdot 96\,500\ \frac{\text{As}}{\text{mol}} = z \cdot 26{,}8\ \frac{\text{Ah}}{\text{mol}}$.

Somit ist das elektrochemische Äquivalent: $\ddot{A} = \frac{1\ \text{mol}}{z \cdot 26{,}8} = \frac{1\ \text{val}}{26{,}8}$,

da $1\ \text{val} = 1\ \frac{\text{mol}}{z}$ ist. Damit ist:

$$m = \frac{1\ \text{val}}{26{,}8} \cdot I \cdot t\,.$$

Denkt man sich die abgeschiedene Menge gleichmäßig über die Oberfläche A verteilt, so gilt mit ρ als Dichte und s als Schichtdicke:

$$m = \rho \cdot A \cdot s\,.$$

Mißt man, wie es in der Galvanotechnik üblich ist, ρ in g/cm³, A in dm² und s in μm, so wird

$$\underset{\text{g}}{m} = \frac{1}{100} \cdot \underset{\text{g/cm}^3}{\rho} \cdot \underset{\text{dm}^2}{A} \cdot \underset{\mu\text{m}}{s} \qquad \text{(I.7)}$$

Ein galvanisches Bad besteht aus mehreren, gelösten Komponenten. Diese beteiligen sich am Ladungstransport $I \cdot t$, werden aber nicht alle abgeschieden, so daß sie sich der Gewichtsermittlung entziehen, d.h. die Gewichtsermittlung ergibt für m einen kleineren Wert, als Gleichung I.6 erwarten läßt. Diesem Umstand trägt der (kathodische) Stromausbeutefaktor a Rechnung $(0 < a < 1)$.

1) $96\,500\ \frac{\text{As}}{\text{mol}} = 26{,}8\ \frac{\text{Ah}}{\text{mol}} = 1\ \text{F} = 1$ Faraday (zu Ehren Faradays)

Wir führen noch die Stromdichte $S = \frac{I}{A}$ (gemessen in A/dm²) ein und erhalten das *erste Faradaysche Gesetz der Elektrolyse* in der Form:

$$m = \frac{1\,\text{val}}{26{,}8} \cdot S \cdot A \cdot t \cdot a = \frac{1}{100} \cdot \rho \cdot A \cdot s \qquad \text{(I.8)}$$

$$\left(\text{g} \quad \frac{\text{g}}{\text{Ah}} \cdot \frac{\text{A}}{\text{dm}^2} \cdot \text{dm}^2 \cdot \text{h} \qquad \frac{\text{g}}{\text{cm}^3}\ \text{dm}^2\ \mu\text{m} \quad \text{Maßeinheiten}\right)$$

Das *zweite* [1]) *Faradaysche Gesetz der Elektrolyse* sagt folgendes aus: Fließt in verschiedenen Elektrolyten ein und dieselbe Strommenge $I \cdot t$, so werden (bei $a = 1$) äquivalente Mengen abgeschieden.

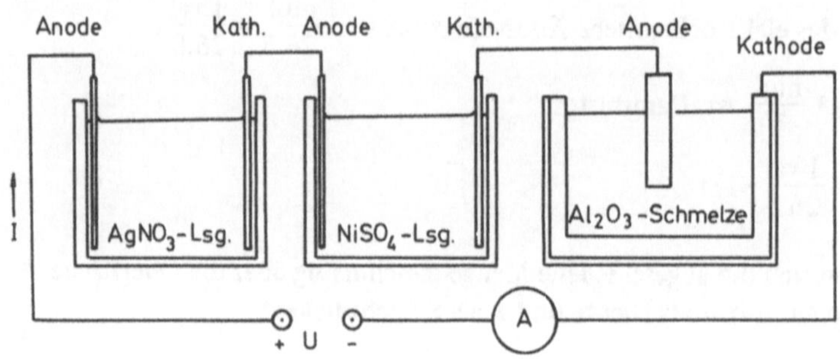

Bild I.5. Schematische Darstellung zum zweiten Faradayschen Gesetz der Elektrolyse

Bild I.5 zeigt als Beispiel Silbernitrat-Lösung, Nickelsulfatlösung und Aluminiumoxidschmelze, die gleiche Zeit lang vom selben Strom durchflossen werden. Die an den Kathoden abgeschiedenen Metallmengen verhalten sich wie ihre Äquivalentgewichte:

$$m_{Ag} : m_{Ni} : m_{Al} = \frac{107{,}9}{1} : \frac{58{,}7}{2} : \frac{27}{3}$$

Rechenbeispiel: Wie verhalten sich die aus einer $FeSO_4$- und einer $Fe_2(SO_4)_3$-Lösung abgeschiedenen Eisenmengen, wenn die Lösungen vom gleichen Strom dieselbe Zeit durchflossen werden?

$$m_{FeII} : m_{FeIII} = \frac{55{,}85}{2} : \frac{55{,}85}{3} = 3 : 2$$

[1]) Das zweite Gesetz ist historisch das erste Gesetz von Faraday.

Übungsaufgaben:

1. Welche Nickelmenge wird auf einer Stoßstange von 20 dm^2 Vorderfläche in 25,2 Minuten abgeschieden, wenn mit 6 A/dm^2 bei 97 % Stromausbeute gearbeitet wird? Die Nickelbelegung der Rückseite betrage 35 % der Vorderseitenbelegung. Nickel ist zweiwertig und hat das Atomgewicht von 58,69 g/mol.

$$m = \frac{58{,}69}{2 \cdot 26{,}8} \cdot 6 \cdot 20 \cdot 1{,}35 \cdot \frac{25{,}2}{60} \cdot 0{,}97 = 72 \text{ g}$$

2. Wie groß ist die mittlere Schichtdicke auf der Vorderseite der Stoßstange? Die Dichte von Nickel ist 8,9 g/cm^3.

$$s = \frac{100 \cdot m}{\rho \cdot A} = \frac{100 \cdot 72}{8{,}9 \cdot 20 \cdot 1{,}35} = 30\ \mu m$$

3. Wie groß ist die Galvanisierzeit, um eine mittlere Schichtdicke von 25 μm auf der Vorderseite abzuscheiden?

$$t = \frac{\rho \cdot s \cdot 26{,}8}{1 \text{ val} \cdot S \cdot a \cdot 100} = \frac{8{,}9 \cdot 25 \cdot 26{,}8 \cdot 2}{58{,}69 \cdot 6 \cdot 0{,}97 \cdot 100} = 0{,}35 \text{ h} = 21 \text{ min}$$

4. Monatlich sollen 30 240 Stück Radkappen verkupfert, doppelvernickelt und verchromt werden. Es werde in zwei Schichten gearbeitet. Bei 24 Arbeitstagen je Monat und etwa 2 · 7 Betriebsstunden je Arbeitstag beträgt die monatliche Betriebszeit etwa 336 h/Monat bzw. 20 160 Minuten/Monat.

   Die Vorderfläche einer Radkappe betrage 9,6 dm^2. Infolge unterschiedlicher Badstreuungen erhalten die Rückseiten einen unterschiedlichen Prozentsatz der Vorderseitenbelegung.

   Folgendes ist zu ermitteln: Galvanisierzeiten; Chargenzahlen je Schicht, Arbeitstag und Monat; Stückzahlen je Charge und Anzahl der Gestelle, wenn jedes Gestell 4 Radkappen aufnimmt; monatlicher Anoden- bzw. Chromsäurebedarf; Abmessungen und Fassungsvermögen der Bäder.

   Die Sollwerte, Betriebsdaten und Rechenwerte enthält die folgende Tabelle.

	Kupfer	1. Nickel	2. Nickel	Chrom	
Schichtdicke s	16	24	10	0,5	µm
Stromdichte S	4	4	6	15	$\frac{A}{dm^2}$
Ausbeutefaktor a	72	98	98	16	%
Dichte ρ	8,92	8,9	8,9	6,92	$\frac{g}{cm^3}$
Atomgewicht M	63,57	58,69	58,69	52,01	$\frac{g}{mol}$
Wertigkeit z	1	2	2	6	
Rückseitenbel.	60	50	60	30	% d. Vorders.
t_{ber} nach I.8	12,42	29,88	8,3	2,67	min
$t_{praktisch}$	12,5	30	8,5	3	min
$t_{pr+Rüst}$ [1])	13	30,5	9	3,5	min angenom.
mögliche Chargen je Monat	$\frac{20160}{13} \approx 1551$	660	2240	5760	$\frac{Ch}{Monat}$
Betriebszeit dafür	20163	20160	20160	20160	$\frac{min}{Monat}$
mögliche Ch. je Tag	64	27	93	240	$\frac{Ch}{Tag}$
Stück je [2]) Charge	20	48	16	8	$\frac{St}{Ch}$
Gestelle je Charge	5	12	4	2	$\frac{Gest.}{Ch}$
benötigte Chargen je Monat	1512	630	1890	3780	$\frac{Ch}{Monat}$
benötigte Chargen je Tag	63	26 [6])	79	179	Ch/Tag
Chargen					
1. Schicht	31	13	39	84	Ch/Schicht
2. Schicht	32	13	40	85	Ch/Schicht
benötigte Betriebszeit	19656	19032 + 183 = 19215	17064	13230	$\frac{min}{Monat}$
je Monat	327,6	320,25	284,4	225	h/Monat
effektive Oberfläche je Kappe (A)	9,6 · 1,6 = 15,36	9,6 · 1,5 = 14,40	9,6 · 1,6 = 15,36	9,6 · 1,3 = 12,48	dm²/Kappe
Abgesch. Menge je Kappe ber. n. I.7	21,9	30,73	13,67	0,432	g/Kappe
abgesch. Masse je Monat	660	929,3	413,4	13,1	kg/Monat
Anodenausnutzung, Chromsäureausnutzung	85	85	85	55	% (angenommen)
Anodenbedarf je Monat	$\frac{660}{0,85} = 777$	1093,3	486,95	23.8 Cr [3]) 45,7 CrO_3	kg/Monat kg/Monat
Anodenverlust [4])	1,5	1	1		% (angenommen)
Anodenverlust je Monat	11,6	10,9	4,9	–	kg/Monat
Rückgabe an Metall	777 – 671,6 = 105,4	1093,3 – 940,2 = 153,1	486,35 – 418,3 = 68,05		kg/Monat
Strombedarf [5]) I = S · A · n	942,6	2764,8	1474,6	1497,6	A
Badlänge nach [7]) Platzbedarf	2,8	6,3	2,3	1,3	m
Flüssigkeitsvolumen (V)	2,66	5,985	2,421	1,234	m³
Literbelastung I/V [8])	0,354	0,463	0,609	1,212	A/l

Erläuterungen zu nebenstehender Tabelle:

[1]) 30 Sekunden zum Einhängen bzw. Ausschrauben der Warengestelle und deren Widerabnehmen von der Kathodenstange.

[2]) Jeweils aufgerundet auf eine durch 4 teilbare Anzahl.

[3]) Für das Verchromen gibt es keine löslichen Anoden. Das Chrom für den Niederschlag wird aus dem Chromsäureelektrolyten selbst entnommen. Der Chromanteil in CrO_3 beträgt 52 Gew-%. 23,8 = 52% von 45,7.

[4]) Verlust durch Schlammbildung.

[5]) Zur Festlegung der Gleichrichterleistung.

[6]) An jedem 5. Arbeitstag 1 Charge mehr.

[7]) Als Radkappendurchmesser wird 30 cm angenommen. Bleibt man je 15 cm vom Behälterboden weg und unterhalb des Flüssigkeitniveaus, so ist eine Flüssigkeitshöhe von 1 m erforderlich, wenn der Abstand zwischen zwei Radkappen 10 cm gehalten wird. Am Warengestell sind je zwei Radkappen übereinander und einander gegenüber, mit den Außenseiten nach außen angeordnet. Für die Behälterbreite werden 95 cm gewählt bei einem Scheitelabstand gegenüberliegender Radkappen von etwa 20 cm. Die Warenstange verläuft längs des Behälters in der Mitte; an beiden Längsseiten sind Anodenstangen zum Anbringen der Anoden angebracht. Zur Ermittlung der Badlängen wurde zwischen den Gestellen ein Abstand von 50 cm und ein Stirnflächenabstand von je 30 cm angenommen.

[8]) Ist die Literbelastung zu hoch, d. h. müßte zusätzlich gekühlt werden, um die Betriebstemperatur aufrecht zu erhalten, so muß das Badvolumen vergrößert werden, wenn man das Kühlen sparen will. Die Betriebstemperatur bleibt konstant, wenn die vom galvanischen Bad samt darin befindlichen Zubehörs aufgenommene Stromwärme wieder durch Wärmeaustausch mit der Umgebung und Wärmeabfuhr durch die abwandernde Ware abgegeben wird. Dies ist im allgemeinen der Fall, wenn die Literbelastung 0,4 bis 0,8 A/l nicht übersteigt. Die genauere Zahl hängt von der Badoberfläche und der Durchsatzgeschwindigkeit im wesentlichen ab.

2. Elektrolytische Stromleitung

a) Überführung

Im elektrischen Feld E zwischen Kathode und Anode erfahren die Ionen eine Kraft $F_+ = z_+ \cdot e_0 \cdot E$ bzw. $F_- = z_- \cdot e_0 \cdot E$. Hieraus resultieren die Ionenbewegungen. Da sie in einem Medium mit innerer Reibung erfolgen, stellen sich gemäß $F_+ = F_{Reibung} = k \cdot u$ bzw. $F_- = k' \cdot v$ Gleichgewichtszustände ein; d.h. nach sehr kurzen Beschleunigungsstrecken bewegen sich die Anionen mit der konstanten Geschwindigkeit v und die Kationen mit der Geschwindigkeit u in Richtung Anode bzw. Kathode. Die Geschwindigkeiten im elektrischen Feld der Stärke 1 Volt/Meter heißen Ionenbeweglichkeiten $\bar{u}$ und $\bar{v}$. Sie sind größenordnungsmäßig tausend mal kleiner als die Elektronenbeweglichkeiten in metallischen Stromleitern. (Etwa gleiche Beweglichkeiten haben K^+- und Cl^--Ionen mit $\bar{u} = 6{,}75 \cdot 10^{-8} \frac{m}{s} / \frac{V}{m} = 6{,}75 \cdot 10^{-8} \frac{m^2}{Vs}$ und $\bar{v} = 6{,}85 \cdot 10^{-8} \frac{m^2}{Vs}$. KCl wird deshalb dort verwendet, wo Einflüsse infolge unterschiedlicher Anionen- und Kationenbeweglichkeiten vermieden werden sollen [1]). Na^+ hat eine Beweglichkeit von $4{,}6 \cdot 10^{-8} \frac{m^2}{Vs}$, also $\bar{u}_{Na^+} : \bar{v}_{Cl^-} \approx 2 : 3$.)

Als Folge der Beweglichkeiten kommt es vor Anode und Kathode zu Veränderungen der Elektrolytkonzentration an Ionen. Bild I.6 gibt schematisch Aufschluß über das Verhalten, wenn sich $\bar{u} : \bar{v}$ beispielsweise wie 2 : 3 verhält.

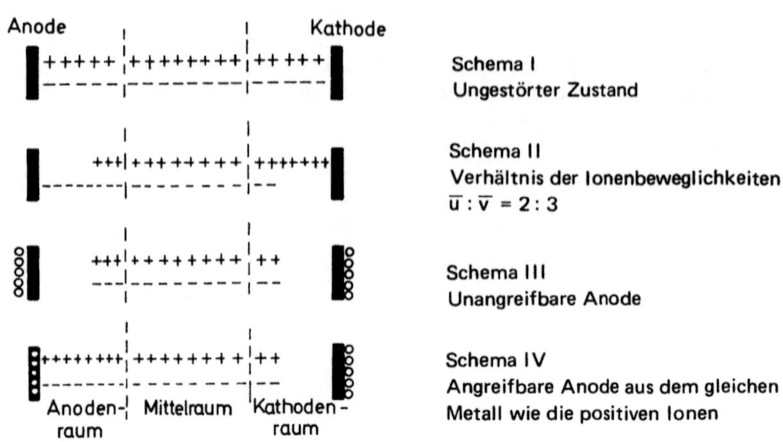

Bild I.6. Schematische Darstellung zur Überführung

[1]) Vergleiche I.4a).

I stellt den spannungslosen Zustand schematisch dar. Jedes +- oder - -Zeichen repräsentiere irgendwelche Mengeneinheiten der Ionen (z. B. Millimole).
II zeigt an, daß einer Abwanderung von 2 +-Einheiten aus dem Anodenraum eine Abwanderung von 3 - -Einheiten aus dem Kathodenraum entspricht.

Im Kathodenraum sind nun anstelle der 5 +- und 5--Einheiten des ungestörten Zustands 7 +- und 2--Mengeneinheiten vorhanden, entsprechend im Anodenraum 3 +- und 8--Einheiten. In beiden Räumen sind also 5 überzählige positive bzw. negative Ionenmengeneinheiten anwesend. Diese werden entladen, und zwar an der Anode fünf Einheiten negativer Ladung, an der Kathode fünf Einheiten positiver Ladung, wobei diese dieselbe Menge negativer Ladung aufnehmen, die an der Anode gerade abgegeben wird. III gilt für den Fall, daß die Anode nicht angreifbar ist, z.B. aus Platin besteht. IV entspricht dem Fall, daß die Anode mit den Anionen reagiert; sie besteht dabei zweckmäßig aus dem gleichen Material (Metall) wie die Kationen. Die Bild I.6 zugrunde liegende Überlegung soll also klar machen, daß je fünf Ionen-Mengeneinheiten entladen werden, selbst wenn nur zwei positive und drei negative Mengeneinheiten (in einander entgegengesetzten Richtungen) durch den Elektrolyten wandern. Nach Schema III verarmt der Elektrolyt mit fortschreitender Elektrolyse an Ionenpaaren der Ausgangssubstanz, während im Fall IV die Elektrolytkonzentration insgesamt erhalten bleibt. Die sich an der Kathode abscheidenden positiven Ionen werden durch Auflösen der Anode immer wieder nachgeliefert.

Die Konzentrationsänderungen, wie sie gemäß Schema I.6 allein durch die Ionenbeweglichkeiten, die das elektrische Feld verursacht, erzeugt werden, werden durch Ionendiffusion abgeschwächt und können z. B. durch Rühren des Elektrolyten weitgehend verändert werden.

Der Kationennachschub in den Kathodenraum erfolgt:

1. durch die gerade erläuterte Überführung,
2. durch Diffusion aus dem Mittelraum (mit höherer Kationenkonzentration)
3. durch Konvektion (z. B. durch Rühren des Elektrolyten oder Warenbewegung).

Die Kationennachlieferung durch Überführung besitzt um so größeren Anteil, je größer die Ionenbeweglichkeit ist relativ zur Anionenbeweglichkeit. Wenn wie bei alkalischen Lösungen die Anionenbeweglichkeit stark überwiegt ($\bar{v}_{OH^-} = 18{,}2 \cdot 10^{-8}\ \frac{m^2}{Vs}$), tritt für die Kationennachlieferung der Überführungseinfluß zurück. Dasselbe gilt bei Anwesenheit starker Fremdsäuren oder Leitsalze (zur Verbesserung des Leitvermögens).

Die Diffusion wirkt der Kationenverarmung im Kathodenraum entgegen. Die Diffusionsgeschwindigkeit hängt von der Viskosität, der Temperatur und dem Konzentrationsgefälle im Elektrolyten ab.

b) Hemmungserscheinungen

Konzentrationspolarisation. Der beim galvanischen Prozeß übliche Fall ist das Schema IV in Bild I.6. Durch Auflösen der Anode tritt im Anodenraum eine Konzentrationserhöhung, im Kathodenraum eine Konzentrationsverminderung z. B. der Metallionen auf. Denkt man sich den Metallabscheidungsprozeß bereits im Gange, so daß die Kathode (das Werkstück) bereits einen Überzug des im Elektrolyten vorliegenden Metalls besitzt, so existiert die „Zelle" Metall/Metallionen-Lösung/Metall (Beispiel: Ag/Ag^+-Lösung/Ag). Am Beispiel der Versilberung weiter erklärt, taucht also Silber im Kathodenraum in eine verdünnte und im Anodenraum in eine konzentrierte Silbersalzlösung. Im Vergleich zum spannungslosen Zustand, womit die von außen angelegte Spannung $U = 0$ gemeint ist, überwiegt daher an der Kathode das Bestreben, Silber in Lösung gehen zu lassen und an der Anode das umgekehrte Bestreben, Silberionen aus dem Anodenraum zur Anodenoberfläche zu treiben. Da diese Erscheinungen der Wirkung der von außen angelegten Spannung gerade entgegengesetzt gerichtet sind, schwächen sie diese um einen gewissen Betrag. Die Erscheinung selbst heißt Konzentrationspolarisation.

Wasserstoffüberspannung. In wäßrigen Lösungen sollte theoretisch nach Anlegen einer Spannung von eben mehr als 1,23 Volt an der Kathode Wasserstoff (H_2) und an der Anode Sauerstoff (O_2) entstehen. Praktisch werden jedoch meistens mehr als 1,7 Volt benötigt. Der Mehrbedarf heißt *Überspannung.* Für galvanische Prozesse ist die *Wasserstoffüberspannung* besonders wichtig, da ohne diese Überspannung unedlere Metalle wie Sn, Ni, Cd, Fe, Cr und Zn nicht oder nur schwer abgeschieden werden könnten. Die Bildung von gasförmigem Wasserstoff erfolgt offenbar in drei Teilschritten:

1. H^+ (im Elektrolyt als H_3O^+) + e^- (Elektron) $\rightleftharpoons$ H (adsorbiert oder im Metall gelöst)
2. 2 H (adsorbiert) $\rightleftharpoons$ H_2 (adsorbiert)
3. H_2 (adsorbiert) $\rightleftharpoons$ H_2 (Gas) Hierzu muß sich soviel Gas entwickeln, daß der Druck ausreicht, den Luftdruck und den Druck der Flüssigkeit über der Gasblase zu überwinden.

Das Kathodenmaterial wirkt für die Umwandlung der Wasserstoffionen in Wasserstoffmoleküle gewissermaßen als mehr oder weniger beschleunigender

Katalysator[1]). Platin (auch Palladium), das für die Aufspaltung von H_2 in $2H$ als Katalysator verwendet wird, zeigt praktisch keine Wasserstoffüberspannung.

Steigende Stromdichte läßt die Wasserstoffüberspannung ansteigen, steigende Temperatur läßt sie absinken. An glatten Oberflächen ist die Überspannung größer als an rauhen, was sicherlich auf die mit der Rauhigkeit zunehmende wahre Oberfläche zurückzuführen ist. Tabelle I.3 enthält Wasserstoffüberspannungen bei einer Stromdichte von 1 A/dm².

Tabelle I.3: Wasserstoffüberspannung bei 1 A/dm²

Kathodenmetall	Platin	Palladium	Silber	Eisen	Kupfer
Überspannung in Volt	0,000	0,000	0,1...0,2	0,2...0,3	0,2...0,4

Kathodenmetall	Nickel	Blei	Zink, Cadmium	Quecksilber
Überspannung in Volt	0,4...0,5	0,4...0,7	0,6...0,7	0,8...1,0

Metallüberspannung. Die Metallüberspannung ist eine Anfangserscheinung, die sich direkt nach dem Anlegen der Spannung bemerkbar macht. Ihre Größe hängt vom Metall und dem Elektrolyten selbst und von der Oberflächenbeschaffenheit der Elektrode ab. Sie sinkt nach dem Einschalten rasch ab. Quecksilber, Blei, Cadmium und Zinn zeigen kaum Metallüberspannung, Kupfer, Silber, Gold, Zink zeigen Überspannungen um 10 mV bei etwa 1 A/dm², Eisen, Cobalt, Nickel zeigen Überspannungen von 200 bis 400 mV. Die Bildung der ersten Kristallkeime des Abscheidungsmetalls ist Hemmungen unterworfen, die sich im Auftreten der Metallüberspannung bemerkbar machen. Das Kristallwachstum durch Anlagerung an die Keime geht leichter und rascher vor sich; die Metallüberspannung sinkt, sobald diese Abscheidungsphase eintritt. Manchmal wird zur Erleichterung der Keimbildung in den ersten Sekunden mit überhöhter (z. B. doppelter) Spannung, sogenannter *Deckspannung* gearbeitet (z. B. beim Verchromen).

Passivität. Unter Passivität soll hier die Hemmung verstanden werden, die sich u. U. für den Übergang des Anodenmetalls in den Elektrolyten einstellt. Meist sind dünne Oxidfilme an der Oberfläche oder Inhibitoren, die sich als Zersetzungsprodukte während des Galvanisierens bilden und an der Anode anlagern, die Ursache des Passivwerdens, das auch *Anodenpolarisation* genannt wird. In der praktischen Galvanotechnik kann die Anodenpolarisation Schwierigkeiten bereiten.

[1]) Eine Substanz, die einen Prozeß beschleunigt (oder verzögert), ohne selbst an der Umwandlung chemisch beteiligt zu sein.

Inhibition kann als abgeschwächte Form der Passivierung aufgefaßt werden. Während im Falle der Passivität die Oberfläche fast vollständig in fester, chemischer Bindung mit Fremdstoffmolekülen bedeckt ist, belegen die Inhibitoren die Oberfläche nur unvollständig, wobei sie sogenannte *aktive Stellen* bevorzugen. Hierunter versteht man Oberflächenpunkte, an denen Kristallwachstum oder Kristallauflösung (z. B. bei Korrosion) bevorzugt einsetzt. Bei Passivität ist ein Ionenübergang blockiert, bei Inhibition nur gehemmt.

Die Wirkung von Inhibitoren kann verschiedenster Art sein. Die Ionendiffusion kann gehemmt werden, bei mehrmolekularer Bedeckung gewisser Oberflächenbereiche kann der Ohmsche Widerstand vergrößert werden u. a. m. Erwünschte Inhibitorwirkungen sind solche, die das Wachstum der zur Abscheidung gelangenden Metallionen in erwünschter Weise beeinflussen, z. B. zur Erzeugung einer hochglänzenden Schicht beitragen. Solche Inhibitoren sind z. B. organische Glanzzusätze.

3. Stromlinienverteilung und Tiefenwirkung

Eine Oberfläche vollkommen gleichmäßig dick galvanisch zu belegen, ist gewöhnlich nicht möglich. Praktisch gleichmäßige Schichtdicken lassen sich auf Walzen erzeugen, die während der Elektrolyse langsam rotieren und dabei in Richtung der Rotationsachse an den Anoden vorbeibewegt werden. Stehen

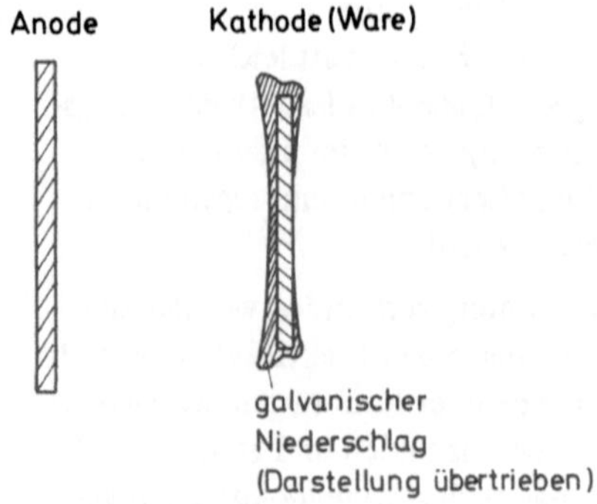

Bild I.7
Verteilung des galvanischen Niederschlages

ebenen Anoden ebene Kathoden gegenüber, so ergeben sich entsprechend der Stromlinienverteilungen Niederschlagsdicken, wie sie in Bild I.7 dargestellt sind. Die Schichtdickenunterschiede wurden dabei übertrieben. Die Metallverteilung auf der ebenen Kathode hängt von der Anordnung im galvanischen Bad ab.

Das Vermögen, die Oberfläche mit gleicher Dicke zu belegen, heißt *Streukraft* bzw. *Tiefenwirkung*, wenn man den Effekt bezeichnet, auch in Vertiefungen der Kathode noch Metall niederzuschlagen.

Eine Reihe von Einflüssen kann die Stromlinienverteilung auf der Kathode so verändern, daß die Schichtdickenunterschiede verringert werden. Hierzu gehören:

> Zunahme der Polarisation mit wachsender Stromdichte. Erhöhung der Stromdichte verbessert die Streukraft.
> Abnahme der Stromausbeute mit wachsender Stromdichte. Normalerweise wächst die Stromausbeute mit der Stromdichte. Geeignete Kolloide (Molekülagglomerate) können jedoch den gewünschten Effekt bewirken.
> Erhöhen der Leitfähigkeit ohne Veränderung der Polarisation.
> Verminderung der Badbewegung.
> Vergrößerung der Elektrodenabstände. Damit steigt jedoch der Elektrolytwiderstand, so daß diese Maßnahme gerne vermieden wird.
> Senken der Temperatur. Erhöhte Temperatur bringt meistens eine Verminderung der Streukraft, da sie die Polarisation herabsetzt, die Stromausbeute erhöht und im Sinne einer Badbewegung wirkt.

Nicht in jedem Fall führen die genannten Maßnahmen zur Streukraftverbesserung. Bezüglich Kathodenmaterial und Elektrolyt gibt es individuelle Abweichungen.

4. Klassifikation typischer Niederschlagsformen

Für einige wenige Metallniederschläge sind Niederschlagsform, Struktur und mechanische Eigenschaften in ihrer Abhängigkeit vom Elektrolyten und dessen Arbeitsbedingungen soweit erforscht, daß man die Wirkung maßgeblicher Faktoren einigermaßen kennt. Hierzu gehören Nickel, Chrom, Silber und Kupfer. Andere gebräuchliche, galvanische Niederschläge wie solche aus Cadmium, Blei, Zinn, Zink und Gold sind noch nicht im gleichen Maße erforscht. Gewisse Regeln beanspruchen daher nur bedingt allgemeine Gültigkeit.

Die Struktur wird im allgemeinen verfeinert durch:

> Geringe Elektrolytzirkulation, Verminderung der Leitfähigkeit, geringe Metallionenkonzentration des Abscheidungsmetalls, verminderte Temperatur des Elektrolyten, erhöhte Stromdichte und wachstumskeimvermehrende Inhibitoren.

Die Rauhtiefe der Oberfläche wird verringert durch:

Erhöhte Temperatur, gesteigerte Leitfähigkeit (Leitsalzzugabe), Verminderte Stromdichte, erhöhte Zirkulation des Elektrolyten, Einebnende Zusätze.

Das Kristallwachstum geht von energetisch bevorzugten Wachstumsstellen aus, wobei sich zuerst ein Wachstumskeim festsetzt. Das Fortsetzen des Keims bzw. die Kristallwachstumsart kann durch Inhibition gesteuert werden. Je nach Inhibitionsgrad bildet sich der Wachstumstyp aus. Nach *Fischer* unterscheiden wir folgende Wachstumsformen:

Tabelle I.4: **Wachstumsformen der galvanischen Metallabscheidung**

Inhibitionsgrad	Wachstumsform	Bevorzugte Wachstumsrichtung	Zusammensetzung der Aggregate
sehr gering bis mäßig	Isolierte Kristalle. Feldorientierter Isolationstyp FJ – Typ	parallel den Feldlinien	Pakete oder Bündel aus feldorientierten Subindividuen. Übereinandergeschichtete basisorientierter Pakete geringer Breite.
mäßig bis mittelgroß	meist kompakter Niederschlag. Basisorientierter Reproduktionstyp BR – Typ	parallel der Unterlage	Übereinandergeschichtete, basisorientierte Pakete großen Breitenwachstums
mittelgroß	kompakter Niederschlag Zwillingsübergangstyp Z – Typ	im spitzen Winkel zur Unterlage	Übereinandergeschichtete Zwillingslamellen in Schräglage
mittelgroß bis groß	kompakter Niederschlag. Feldorientierter Texturtyp FT – Typ	parallel den Feldlinien	Pakete oder Bündel aus feldorientierten Subindividuen. Übereinandergeschichtete, basisorientierte Wachstumsschichten geringen Breitenwachstums.
sehr groß	kompakter Niederschlag. unorientierter Dispersionstyp UD – Typ	keine	regellos angeordnete Aggregate aus Subindividuen geringster Ausdehnung.

Die Bilder I.8a und b und I.9 zeigen schematisch die Wachstumsrichtungen und die Abscheidungsformen der feld- und basisorientierten Wachstumsformen.

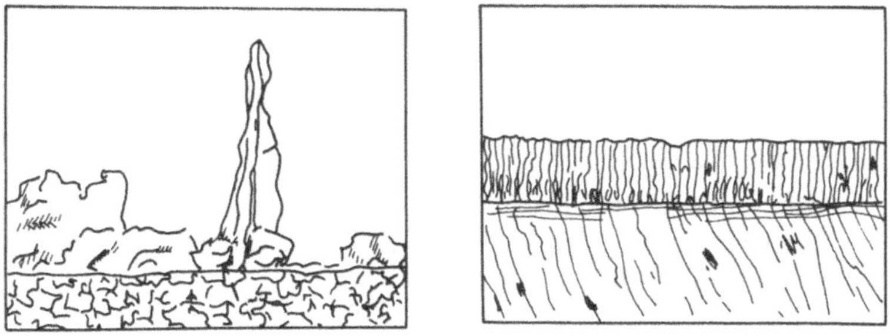

a) b)

Bild I.8. a) Feldorientierte Wachstumsform (nach *Fischer* und *Heiling*)
b) Feldorientierter Texturtyp (Glanzzinkniederschlag). V = 850fach

Bild I.9
Basisorientierte Wachstumsform (nach *Fischer* und *Heiling*)

II. Praktische Galvanotechnik

A. Verkupfern, Vernickeln, Verchromen

1. Verkupfern

Verkupferung wird angewandt:

vor dem Vernickeln von Stahl zur Verringerung von Polierkosten,
als Unterlage vor dem Vernickeln von Zinkgußlegierungen, um den Angriff des Nickelbades auf Zink zu verhüten,
zur lokalen Abdeckung von Stahl vor der Einsatzhärtung,
in der Galvanoplastik,
zur Herstellung von Broncetönung auf Stahl.
Vor dem Tiefziehen als Schmiermittelträger. (Häufiger wird hierfür jedoch phosphatiert!)

Die Bäder lassen sich in saure und alkalische Bäder einteilen.

a) Saure Bäder

Kupfersulfatbäder

Gewöhnliches Kupfersulfatbad:

Das Kupfersulfatbad ohne besondere Zusätze besteht aus Kupfersulfat und Schwefelsäure folgender Zusammensetzungen:

Kupfersulfat ($CuSO_4 \cdot 5\,H_2O$) in g/*l*	180	200	250
Schwefelsäure (H_2SO_4) in g/*l*	98,1	73,5	49,0

Die Löslichkeit von Kupfersulfat in Schwefelsäurelösung ist begrenzt. Daher muß mit steigendem Salzgehalt der Säuregehalt abnehmen. Andererseits nimmt der Badwiderstand mit der Schwefelsäurekonzentration zu und mit steigender Salzkonzentration ab.

Die Anwesenheit der freien Schwefelsäure fördert die Bildung feinkörniger, dichter, glatter, duktiler Niederschläge und verbessert etwas die Streuung. Eine nachteilige Wirkung besteht darin, daß die Säure unter Mitwirken des Luftsauerstoffs die Anodenauflösung derart begünstigt, daß u. U. die Kupferkonzentration des Bades ansteigt. Daher soll der Säuregehalt zwischen den Grenzkonzentrationen 1-normal (49 g/*l*) und 2-normal (98,1 g/*l*) liegen.

Beim Ansatz des Bades wird das Salz vollständig gelöst, filtriert, Schwefelsäure zugegeben (Vorsicht!) und erneut filtriert.

Die Stromdichte, die brauchbare Niederschläge gibt, hängt von der Temperatur und der Elektrolyt- bzw. Warenbewegung ab.

Stromdichte in A/dm^2	2...3	4...6	8...12	obere Grenzwerte
Temperatur in °C	18...20	ca. 40	60...70	
Bad- bzw. Warenbewegung	keine	keine	keine	
Bemerkung:			Sonderfall	
Stromdichte in A/dm^2	**4...6**	**15**	**20**	**obere Grenzwerte**
Temperatur in °C	18...20	18...20	40...50	
Bad bzw. Warenbewegung	Luftdurchblasen	rasche Werkstückbewegung	rasche Werkstückbewegung	

Die saure Verkupferung von Eisen und Stahl setzt eine Anschlagverkupferung im alkalisch-cyanidischen Bad oder eine Tauchbehandlung in einer Lösung von 60 g Arsentrioxid in konzentrierter Salzsäure oder einer sonstigen patentierten Inhibitionslösung voraus.

Einwandfreie Niederschläge können erwartet werden, wenn der Kupfer- und Säuregehalt des Bades – meistens durch pH-Wert- und Dichtemessung – überwacht wird.

Anlage: Normalstahlwannen mit Hartgummi- oder Kunststoffauskleidung. Falls Temperaturerhöhung erforderlich: Tauchwärmer oder Wärmeaustauscheranlage. Zweckmäßige Materialien, die mit Elektrolyt in Berührung kommen, sind Glas, Titan oder Graphit. Dauerfiltration ist zu empfehlen, als Anschwemmittel dienen asbesthaltige Filterhilfsmittel oder Aktivkohle.

Anoden: Für saure Kupferbäder ohne besondere Zusätze werden Elektrolytanoden bevorzugt, für Glanzkupferbäder werden fast immer phosphorhaltige Anoden verwendet. Die Anodenoberfläche soll das zwei- bis dreifache der Kathodenoberfläche betragen, um die anodische Stromdichte entsprechend geringer halten zu können als die kathodische.

Zur Herstellung dicker Kupferschichten (Galvanoplastik, Zylinderaufkupferung, Folienherstellung) werden Bäder eingesetzt, die Stromdichten bis 20 A/dm^2 und mehr erlauben. Die anodischen Stromdichten dürfen hierbei oft 1 bis 4 A/dm^2 nicht übersteigen. Diesem Umstand trägt man bei der Zylinderaufkupferung dadurch Rechnung, daß man Zylinder größeren Durchmessers nur teilweise in das Kupferbad eintauchen läßt. Je größer die

Tabelle II.1: **Fehler, Ursachen und Fehlerbeseitigung bei saurer Verkupferung**

Fehler	Ursachen	Beseitigung
Spröde Niederschläge	Organische Verunreinigung; zu hohe Glanzzusatzkonzentration	Wasserstoffperoxid 30 %ig (ca. 5 ml/*l* Bad) zusetzen, Bad erwärmen, 2...5 g/*l* Aktivkohle zugeben, lange einwirken lassen, filtrieren
Rauhe Niederschläge	Schwebeteilchen, Schimmel, eingeschleppte Chloride, die CuCl-Bildung verursachen	Filtrieren, Pilztötende Stoffe zugeben, filtrieren Anoden reinigen und Bad filtrieren, mit hoher anodischer Stromdichte durcharbeiten und über Aktivkohle filtrieren
Pulvrige u. U. dunkelrote Niederschläge	Zu geringer Säuregehalt und/oder zu hohe Stromdichte	Schwefelsäure zugeben Stromdichte vermindern
Kristalline Abscheidung, fleckig	Organische Verunreinigungen Verunreinigung durch einwertiges Kupfer infolge: ungeeigneter Anoden, zu niedriger, anodischer Stromdichte, zu niedrigen Chloridgehalts	Behandeln wie bei spröden Niederschlägen Bad mit Luft durchblasen Phosphorhaltige Anoden verwenden Anodische Stromdichte erhöhen Chloridgehalt vorschriftsmäßig einstellen
Anodenbelag: dunkler Belag	zu geringer Säuregehalt	Schwefelsäure zusetzen
weiß-blauer Belag	Chloride	Reinigen der Anoden und Bad filtrieren
Profilierungen im Niederschlag der Glanzabscheidung	Zu hoher Glanzzusatz oder zu geringer Chloridgehalt	Über Aktivkohle filtrieren Chloridgehalt richtigstellen

eintauchende Zylinderfläche relativ zur Anodenoberfläche wird, desto kleiner ist die anwendbare kathodische Stromdichte, desto länger dauert der Verkupferungsprozeß zur Herstellung einer Kupferschicht vorgegebener Dicke.

Ist $x = \frac{\text{anodische Stromdichte}}{\text{kathodische Stromdichte}} = \frac{S_a}{S_k}$ das zweckmäßige Stromdichteverhältnis, $J = S_a \cdot A_a = S_k \cdot A_k$ der Gesamtstrom durch das Kupferbad mit A_a als Anoden- und A_k als Kathodenfläche (eintauchende Warenoberfläche), d das arithmetische Mittel aus dem Durchmesser des Zylinders vor und nach der Verkupferung und *l* die Länge des Zylinders, so gilt für die Eintauchtiefe s des Zylinders während der Verkupferung:

$$s = \frac{d}{2}\left(1 - \cos\frac{x \cdot A_a}{d \cdot l}\right) = \frac{d}{2}\left(1 - \cos\frac{J}{S_k \cdot d \cdot l}\right).$$

Der Zylinder soll mit etwa 1,5 m/s Umfangsgeschwindigkeit rotieren. Die Oberfläche kann mit Hilfe von Achatsteinen oder durch Rollen geglättet werden. Bei der Steinglättung liegen die Steine nur mit geringem Druck auf, bei Rollenglättung werden höhere Drücke angewandt, so daß die Oberfläche gleichzeitig verdichtet wird.

Als Glanzbildner in sauren Kupferbädern haben sich Thioharnstoff, Gelatine, Cellulose oder organische Sulfonsäuren bewährt.

Fluoboratbad. Badzusammensetzung:

Kupferborfluorid ($Cu(BF_4)_2$)	250 ... 450 g/l
freie Borflußsäure (HBF_4)	2 ... 30 g/l
manchmal Borsäure (H_3BO_3)	15 ... 30 g/l
pH = 0,2 ... 1,2; T = 25 ... 75 °C;	S = 15 ... 30 A/dm^2
mit Badrührung	S = 30 ... 55 A/dm^2

Saure Kupferbäder sind weniger anfällig als alkalische und werden bevorzugt dort eingesetzt, wo dickere Niederschläge abgeschieden werden sollen. Nachteilig wirkt sich aus, daß Eisen und Stahl nicht ohne Vorbehandlung direkt verkupfert werden kann.

b) Alkalische Kupferbäder

Glanzkupferbad

Glanzkupferbäder sind patentiert. Eine glänzende Abscheidung erlaubt z. B. die folgende Zusammensetzung (U. S. Patent):

Kupfersulfat ($CuSO_4 \cdot 5\,H_2O$)	125 g/l	pH = 9 ... 10
Diäthylentriamin	100 g/l	T = 50 ... 60 °C
Ammoniumsulfat ($(NH_4)_2SO_4$)	18,7 g/l	S = 3 ... 5,5 A/dm^2
Ammoniak (NH_4OH)	31 g/l	
Netzmittel (Tergitol 08), kann bei lebhafter Badbewegung und Filtration entfallen.	2,5 g/l	

Nach dem Ansetzen muß das Bad filtriert und mit niedriger Stromdichte durchgearbeitet werden.

Während Zink weniger gefährlich ist, setzen Eisen-, Blei- und organische Verunreinigungen den Glanz herab. Infolge chemischer, zusätzlicher Anodenauflösung vergrößert sich der Metallgehalt im Bad. Es muß zur Konstanthaltung von Zeit zu Zeit entsprechend verdünnt werden.

Kupfercyanidbäder bestehen in erster Linie aus Kupfercyanid, das in einer Lösung aus Alkalicyanid lösbar ist. In Wasser ist Kupfercyanid nicht direkt löslich. Im Kupfercyanid-Natrium- bzw. Kaliumcyanid liegt das Kupfer in komplexer Form vor, d.h. „eingeschlossen“ zwischen mehreren Cyanidgruppen. In dieser Komplexsalzlösung erweist sich Kupfer als unedler, sein Potential kann um 0,9 bis 1,5 Volt tiefer liegen, als es der elektrochemischen Spannungsreihe entspricht. Deshalb kann es in solchen Elektrolyten auf Eisen, Zink und sogar Aluminium galvanisch abgeschieden werden, d.h. auf Metallen, die sich in sauren Elektrolyten im chemischen Austauschverfahren mit schlecht haftendem Kupfer belegen würden.

Mit zunehmender Stromdichte wird die Kathodenpolarisation erhöht und die Stromausbeute vermindert. Hierauf beruht die besonders gute Streuung.

Mit Ausnahme der Aluminiumbelegung zeichnet sich der Kupferniederschlag aus cyanidischen Bädern auf sonst allen Metallen durch höchste Kornfeinheit, große Haftfestigkeit und weitgehend gleichmäßige Schichtdicke aus.

Hauptbestandteile des Bades sind die Komplexverbindungen $Na_2Cu(CN)_3$ und $Na_3Cu(CN)_4$ bzw. die ähnlichen Kaliumverbindungen. Freies Alkalicyanid ist erforderlich, um zu verhindern, daß CuCN oder CuOH ausfällt, wenn sich die Cyanide mit der Kohlensäure der Luft in Carbonate und Blausäure umwandeln. Ein größerer Überschuß an freiem Cyanid hat eine starke Abnahme der kathodischen Stromausbeute zur Folge. Carbonat vermindert die Anodenpolarisation.

Kupferarme Bäder

Eine gute mittlere Zusammensetzung enthält:

Kupfercyanid (CuCN)	50 g/l	entspricht 35,5 g/l Kupfer
Kaliumcyanid (KCN)	93 g/l	oder Natriumcyanid (NaCN) 69 g/l
davon freies KCN	20 g/l	davon freies NaCN 15 g/l
Natriumcarbonat (Na_2CO_3)	40 g/l	

oder:

Kupfercyanid	25 g/l	entspricht 17,75 g/l Kupfer
Natriumcyanid	39,5 g/l	
davon freies NaCN	12,5 g/l	
Natriumcarbonat	12,5 g/l	

Die pH-Werte liegen zwischen 10 und 11; Arbeitstemperaturen: 18 ... 30 °C Stromdichten: 0,3 ... 1,2 A/dm^2.

Kupferreiche, cyanidische Bäder

Badzusammensetzung:

Kupfercyanid	60 g/l	oder	Kupfercyanid	120 g/l
Kaliumcyanid	95 g/l		Natriumcyanid	140 g/l
Kaliumhydroxid	40 ... 45 g/l		Na-hydroxid	30 g/l
Glanzmittel (NaCNS)	6 g/l		Glanzmittel	15 g/l

Kathodische und anodische Stromausbeuten um 99 %, kathodische Stromdichte: 1 ... 4,5 A/dm^2, anodische Stromdichte soll 2 A/dm^2 nicht überschreiten. Eisen und Stahl müssen in kupferarmem Bad vorverkupfert werden.

Rochelle-Cyanid-Kupferbad

Badzusammensetzung:

Kupfercyanid	26 g/l	pH = 12,6 durch NaOH-Zusatz
Natriumcyanid	35 g/l	T = 70 °C
Natriumcarbonat	30 g/l	S = 7 A/dm² kathodisch und
Rochellesalz	45 g/l	3 A/dm² anodisch

Der Vorteil dieses Bades liegt darin, daß man hohe Stromdichten verwenden kann bei einer Stromausbeute von etwa 50 % und in seiner besonders großen Tiefenwirkung.

Neben den genannten Badzusammensetzungen werden von den Fachfirmen eine Reihe von patentierten bzw. dort entwickelten Bädern angeboten, die wie Trommel- oder Glanzkupferbäder speziellen Verkupferungen angepaßt sein können. Beim Ansatz der Bäder sind die Betriebsanleitungen genau einzuhalten.

Zur Badüberwachung muß der Gehalt an freiem Cyanid, der Carbonat-, Hydroxid- und Metallgehalt festgestellt werden. Da der Carbonatgehalt ansteigt, muß Carbonat von Zeit zu Zeit z. B. durch Abkühlen ausgefällt werden.

Anoden: Die Walzhaut der Walzanoden, die vorwiegend verwendet werden, wird durch Strahlen, Beizen oder Brennen in Salpetersäure oder in konzentrierter Cyanidlösung entfernt.

In kaltarbeitenden Bädern (Raumtemperatur, nicht unter 18 °C) soll die anodische Stromdichte 0,3 A/dm^2 in warmen, kupferarmen Bädern 0,5 bis 0,8 A/dm^2, in Hochleistungsbäder 1,3 A/dm^2 nicht übersteigen.

Anlage: Normalstahlbehälter mit oder ohne Hartgummiauskleidung, Trommeln und Glocken meist ausgekleidet. Eine Warenbewegung ist zweckmäßig und teilweise erforderlich. Dunstabsaugung ist meist notwendig. Bei Glanzkupferbädern muß kontinuierlich gefiltert werden, ebenso sollten Hochleistungsbäder gefiltert werden. Siliciumhaltige Filterhilfsmittel dürfen dabei nicht verwendet werden, da sie löslich sind. Empfehlenswert sind Aktivkohle und Spezialanschwemmittel.

Glänzende Niederschläge aus Glanzbädern werden durch Umpolung in einem vorgeschriebenen, dem Bad angepaßten Zeitverhältnis oder durch taktgesteuerte Stromunterbrechung im Zeitverhältnis erreicht. In den Zeiten der Stromunterbrechung geht die Verarmung an abscheidbaren Ionen jeweils zurück. Umpolzeitverhältnisse betragen z.B. 30 : 1 bis 30 : 3 oder 20 : 5 bis 50 : 8 Sekunden u.ä. Der Unterbrechungstakt kann z.B. 8 : 2 Sekunden betragen[1]).

1) Heute durch Glanzkupferbäder verdrängt.

Tabelle II.2: Fehler, Ursachen und Fehlerbeseitigung bei cyanidischer Verkupferung

Fehler	Ursachen	Beseitigung
Starke Wasserstoff-entwicklung, schlechte Stromausbeute	Zu hoher Gehalt an freiem Cyanid Zu hohe Stromdichte Zu hoher Carbonatgehalt	Kupfercyanid zugeben Stromdichte herabsetzen, ev. Anzeigegerät überprüfen Carbonat ausfrieren
Stromabfall, Spannungsanstieg	Passivierung der Anoden	Anoden beizen, anodische Stromdichte überprüfen
Dunkle Flecke vorwiegend im Bereich niedriger Stromdichte	Zu geringer Gehalt an freiem Cyanid	Natrium- bzw. Kaliumcyanid zugeben
Matte, samtartige Flecke im Bereich höherer Stromdichte	Stromdichte zu hoch Zu hoher Gehalt an freiem Cyanid	Stromdichte erniedrigen Kupfercyanid zusetzen
Porenbildung	Cyanidgehalt zu gering ev. Netzmittelmangel bei Glanzbädern	Natrium- bzw. Kaliumcyanid zusetzen Vorsichtig Netzmittel zusetzen (Betriebsanleitung beachten!)
Blasenbildung	Entfettungs- oder Dekapierfehler Gehalt an freiem Cyanid zu gering oder zu hoch	Entfettung und Dekapierung überprüfen Durch Zusetzen von Alkalicyanid oder Kupfercyanid ausgleichen
In heißen Hochleistungsbädern starke Gasentwicklung bei dunkler Abscheidung	Eisen im Bad	Durch Ausfrieren entfernen (bei Natriumcyanidbädern)

Pyrophosphatbad. Cyanidische Bäder sind alle stark giftig. Durch Umsetzen mit der Luftkohlensäure bildet sich ferner immer eine gewisse Menge Blausäuregas (Bittermandelölgeruch im Raum!). Das Pyrophosphatbad ist cyanfrei und ungiftig. Die gleichen Metalle, die sich im cyanidischen Bad verkupfern lassen, können auch im Pyrophosphatbad mit Kupfer belegt werden. Kalium- oder Natriumpyrophosphat und Kupferpyrophosphat bilden in wäßriger Lösung Alkali-Kupferpyrophosphat:

$$3\,K_4P_2O_7 + Cu_2P_2O_7 = 2\,K_6Cu(P_2O_7)_2$$

Das Kaliumkupfersalz enthält 6 H_2O-, das Natriumkupfersalz 16 H_2O-Moleküle Kristallwasser. Bei schwacher Dissoziation in wäßriger Lösung entstehen neben den Alkali-Ionen sechswertige Kupferpyrophosphationen: $K_6Cu(P_2O_7)_2 = 6\,K^+ + Cu(P_2O_7)_2^{6-}$; Cu zweiwertig.

Badzusammensetzung:

Kupferpyrophosphat $Cu_2P_2O_7 \cdot 3\,H_2O$	61,5 ... 106,5 g/*l*
Kaliumpyrophosphat $K_4P_2O_7 \cdot 6\,H_2O$	378 ... 630 g/*l*[1])
Ammoniumoxalat $(COO)_2\,(NH_4)_2$	18,1 ... 36,2 g/*l*
Kaliumnitrat[2]) KNO_3	8,2 ... 16,3 g/*l*
Ammoniak NH_4OH	1 ... 3 g/*l*

pH = 8,2 ... 8,8; T = 50 ... 60 °C; S = 1 ... 8 A/dm² bei 1,5 ... 4 Volt Badspannung.

Die Zusätze dienen zur Leitwertverbesserung, Verhinderung der Anodenpolarisation, pH-Konstanthaltung und in gewissem Maße zur Glanzverbesserung.

Schädliche Verunreinigungen sind Blei, Cyanide und Öl.

Kupfersulfamatbad. Metallsalze der Sulfaminsäure sind stabil und leicht löslich, so daß sich aus einer Reihe von Sulfamaten brauchbare, galvanische Bäder herstellen lassen. (Eisen, Kobalt, Nickel, Cadmium, Zink, Rhodium, Silber und Blei können aus Sulfamatbädern abgeschieden werden).

Ammoniumsulfamat und Kupfersulfat setzen sich in Kupfersulfamat und Ammoniumsulfat um.

Badzusammensetzung:

Ammoniumsulfamat $NH_4SO_3NH_2$	100 g/*l*	Stromdichte bis etwa 3,5 A/dm²
Kupfersulfat $CuSO_4 \cdot 5\,H_2O$	130 g/*l*	
Natriumhydroxid NaOH	7,5 g/*l*	

2. Vernickeln

Nickel ist hinsichtlich der Vielseitigkeit seiner Verwendung und daher auch der Menge nach das wichtigste Metall der Galvanotechnik.

a) Nickelbäder

Watts-Bad. Als Grundtyp stellt das Wattsbad aus dem Jahre 1916 das wichtigste Vernicklungsbad dar, wenn auch die Konzentrationen der Badkomponenten Veränderungen unterlagen. Der Nickelgehalt kann innerhalb

1) Hierbei besteht ein Überschuß an wasserfreiem Kaliumpyrophosphat von 55,8 g/*l* bis 78,3 g/*l*. Statt Kaliumpyrophosphat kann auch Natriumpyrophosphat ($Na_4P_2O_7 \cdot 16\,H_2O$) von 477,5 bis 796,5 g/*l* zugesetzt werden.

2) Statt Kaliumnitrat kann auch Natrium- oder Ammoniumnitrat verwendet werden.

weiter Grenzen (von etwa 38 bis 85 g/l) schwanken. Häufig wird folgende Zusammensetzung gewählt:

Nickelsulfat $NiSO_4 \cdot 7\,H_2O$	240 ... 300 g/l
Nickelchlorid $NiCl_2 \cdot 6\,H_2O$	60 g/l
Borsäure H_3BO_3	40 g/l

Aufgabe der Badkomponenten: *Nickelsulfat* ist ein preisgünstiges Nickelsalz. Eine Sulfatlösung wirkt ferner weniger korrodierend als eine Chloridlösung. Die maximal zulässige Stromdichte steigt mit der Nickelsalzkonzentration, wobei gleichzeitig der kathodische Stromausbeutefaktor zunimmt. Die Streukraft nimmt allerdings dabei ab. Wenn die Warenprofilierung eine bessere Streuung erforderlich macht, wird der Nickelsalzgehalt in niedrigerer Konzentration gehalten.

Nickelchlorid wird der Chlorionen wegen zugesetzt. Man kann statt dessen auch Natrium- oder Ammoniumchlorid zugeben, jedoch wird dann die innere Spannung der abgeschiedenen Nickelschicht größer. Die Chlorionen verbessern die Anodenlöslichkeit durch Herabsetzen der Anodenpolarisation. Sie lassen ferner eine größere kathodische Stromdichte zu und bewirken einen harten feinkörnigen Nickelniederschlag.

Borsäure übt eine Pufferwirkung aus und dient somit dazu, den pH-Wert im Elektrolyten konstant zu halten. Ihre Konzentration kann in weiten Grenzen schwanken.

Das Watts-Bad verträgt Netz- und Glanzmittel organischer Natur und bildet daher die Grundlage für Hochglanznickelbäder. Ohne Zusätze wird das Nickel matt abgeschieden.

Besonders duktile [1]) Niederschläge erzeugt ein Zusatz von Wasserstoffperoxid (0,5 ml 30-prozentiges H_2O_2 je Liter Nickelbad). Das Bad muß gut durchmischt und der pH-Wert niedrig gehalten werden.

Beim Betrieb des Watts-Bades müssen Arbeitstemperatur, Stromdichte, pH-Wert und Badbewegung (Warenbewegung oder Luftdurchmischtung) auf einander abgestimmt sein. Mit steigender Temperatur und abnehmendem pH-Wert darf die Stromdichte erhöht werden.

Glanznickelbäder. Glanz entsteht bei Lichtreflexion an ebenen, glatten Flächen, wobei eine diffuse Lichtstreuung, wie sie Unebenheiten oder Rauhigkeiten hervorrufen, nicht auftritt, d. h. praktisch an ebenen Flächen, deren Mikrogefüge entweder Teilchengrößen aufweist, deren Abmessungen kleiner als die kleinste sichtbare Lichtwellenlänge sind (kleiner 0,4 μm),

1) duktil = streck- und hämmerbar

oder deren Mikrogefüge eine bevorzugte Orientierung (Textur) parallel zur Unterlage besitzt. Bei Hochglanznickelschichten scheint das letztere gültig zu sein.

Die Glanzbildner haben die Aufgabe, vorhandene Mikrorauhigkeiten einzuebnen. Neben dieser Eigenschaft dürfen die Glanzzusätze die mechanischen Eigenschaften der Nickelschichten aus zusatzfreien Bädern möglichst nicht verschlechtern. Dies wird einigermaßen befriedigend erreicht durch Zusätze gegensätzlicher mechanischer Wirkungen. So wirkt z. B. Kumarin einebnend und setzt gleichzeitig die innere Spannung der Nickelschicht herab, während Saccharin als zweiter Partner Glanz erzeugt und die Nickelschicht spröder werden läßt. (Geeignete Konzentrationen: 0,292 g/*l* Kumarin + 5,495 g/*l* Saccharin.)

Bei gegebener Mikrorauhigkeit des Untergrunds ist der Einebnungseffekt eine Funktion der abgeschiedenen Schichtstärke und um so besser, je dicker die Schicht wird. Das heißt andererseits, daß eine Mindestbelegung von etwa 20 μm erforderlich ist, wenn der Einebnungseffekt ausgenutzt werden soll. Für dünnste, dekorative Nickelschichten genügt das Wattsbad ohne Zusätze. Auf vorpolierten Flächen erscheint der Nickelniederschlag glänzend.

Reflexionsarme Vernicklung. In jüngster Zeit beginnt man vor allem in der Automobilindustrie in USA reflexionsarme Nickelniederschläge zu fordern. Dabei wird der Reflexionsgrad begrenzt (in USA z. B. auf 40 %). Die Verminderung der Reflexion der galvanischen Abscheidung kann erreicht werden:

1. durch Aufrauhen der Werkstückoberfläche mittels mechanischer oder chemischer Verfahren und Galvanisieren in Bädern ohne Einebnungskraft;
2. durch Galvanisieren in Bädern, die Niederschläge mit der erwünschten Struktur liefern.

Nach dem ersten Verfahren kann man Niederschläge erhalten, die über einen weiten Stromdichtebereich konstante Oberflächeneigenschaften aufweisen. Verfahren dieser Art schaffen aber neue Probleme im Hinblick auf die Korrosionsfestigkeit des Werkstückes. Bei einer rauhen Oberfläche des Grundmetalls korrodiert das Werkstück rascher als bei glatter Oberfläche.

Die zweite Möglichkeit, reflexionsarme Niederschläge zu erzeugen, läßt sich auf drei verschiedene Arten erreichen:

a) Man scheidet Legierungsniederschläge ab. Um über einen genügend weiten Stromdichtebereich verfügen zu können, sind drei verschiedene Metalle an der Legierungsbildung beteiligt.
b) Man scheidet als zusätzliche Schicht eine Zwischenschicht mit der erwünschten Struktur ab, wobei dann z. B. eine Dreifachvernicklung vorgenommen wird.

c) Man scheidet eine Nickelschicht ab, in die während der Abscheidung Feststoffkörperchen eingebaut werden.

d) Man scheidet eine Nickelschicht aus einem Emulsionsnickelbad ab.

Verfahren vom Typ a) haben wenig Verbreitung gefunden, da sich Legierungsbäder nur schwer steuern lassen.

Verfahren nach Typ b) verlangen eine Vernickelung mehr als bisher, erhöhen aber gleichzeitig die Korrosionsfestigkeit.

Nickelschichten vom Typ d) lassen sich in einem Nickelbad vom Watts-Badtyp abscheiden, das einen Emulsionsbildner enthält [1]). Es bilden sich feinste Emulsionströpfchen, gleichmäßig verteilt über die ganze Lösung. Die Emulsionströpfchen haften eine Zeit lang auf der Oberfläche, so daß dort die Nickelabscheidung behindert wird und, gewissermaßen als Abdruck, eine kreisförmige Vertiefung entsteht. Die sich so bildende Rautiefe der Oberfläche beträgt 0,8 bis 1 μm.

Das Vernicklungsverfahren bietet gewisse Vorteile:

Eine besondere Oberflächenbehandlung ist nicht erforderlich.
Von einer bestimmten Mindestschichtdicke ab (10 bis 12 μm) zeigt die Nickelschicht immer das gleiche Aussehen, unabhängig vom Grundmaterial und einer Stromdichte im Bereich 1 bis 8 A/dm^2.
Die Schichten sind ebenso korrosionsfest wie die sonst üblichen Nickelschichten.

Nickelschichten dieser Art werden grundsätzlich verchromt. Mattnickelschichten zeigen den Effekt der „optischen Einebnung"; d.h. Ungleichheiten der Oberfläche werden bis zu einem gewissen Grad überdeckt.

Das Emulsions-Nickelbad hat etwa folgende Zusammensetzung:

Nickel	60 ... 70 g/l	entspricht	280 ... 320 g/l $NiSO_4 \cdot 7\,H_2O$
Chlor	15 g/l	entspricht	50 g/l $NiCl_2 \cdot 6\,H_2O$
Borsäure (H_3BO_3)	30 ... 40 g/l		

Grundglanzmittel nach Angabe der Lieferfirma
Äthylenzusatzprodukt als Emulsionsbildner

Temperatur	50 ... 60 °C
kath. Stromdichte	1 ... 8 A/dm^2
pH-Wert	4,2 (Grenzen etwa 3 ... 5)
mechanische Warenbewegung	2 ... 3 m/min

[1]) Handelsname: „Velours-Nickelbad"

Physikalische Daten:	Härte = 500 ... 520 kp/mm² (gemessen mit 300 p Belastung)	
(Etwa dieselben wie bei Glanznickel-schichten).	Zugspannung = 150 kp/mm²	
	Bruchdehnung = 3,4 %	

Bei Raumtemperatur ist der Elektrolyt klar. Bei erhöhter Temperatur setzt die Emulsionsbildung ein. Die Einsatztemperatur heißt „Trübungspunkt". Der Vorgang ist reversibel (umkehrbar), d. h. bei Abkühlung wird der Elektrolyt wieder klar, wenn die Emulsionierung nicht schon zu weit fortgeschritten ist. Überläßt man das Bad sich selbst, wenn die Emulsionsbildung begonnen hat, so schreitet der Effekt fort, bis die gesamte Emulsion als Schicht die Oberfläche des Bades bedeckt. Das Bad kann dann nicht mehr durch Temperaturerniedrigung geklärt werden.

Die erwünschte Emulsionskonzentration und Tröpfchengröße wird jedoch folgendermaßen aufrecht erhalten:

> Man kühlt kontinuierlich etwa ein Sechstel der Elektrolytmenge jede Stunde auf Raumtemperatur ab und führt sie wieder zu. Bezogen auf ein 1000-Liter-Bad benötigt man 100 ... 120 *l*/h Kühlwasser und zum Wiederaufwärmen eine Leistung von 3,5 ... 4 Kilowatt, wenn mit einem Wärmeaustauscher im Gegenstromprinzip gearbeitet wird. Bild II.1 zeigt das Prinzip einer Anlage. Der Badbehälter besteht aus drei Kammern. Im Mittelteil wird vernickelt. Über einen Überlauf gelangt der Elektrolyt in den Behälterteil, aus dem er dann herausgepumpt und abgekühlt wird. Danach wird er gefiltert und dem dritten Behälterteil zugeführt, wo er wieder aufgewärmt wird und dann dem Mittelteil über einen Überlauf zufließt.

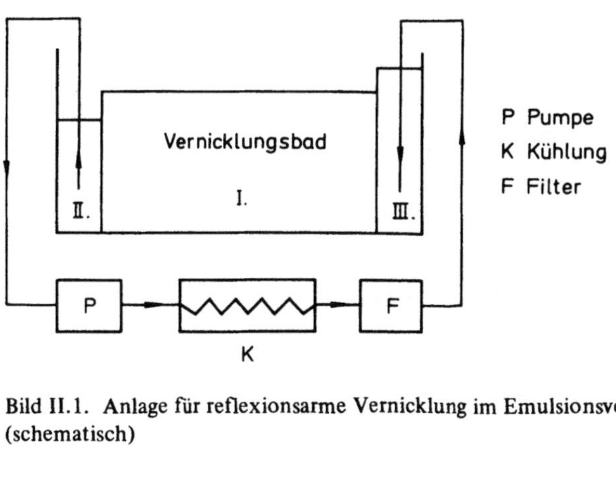

Bild II.1. Anlage für reflexionsarme Vernicklung im Emulsionsvernicklungsbad (schematisch)

Der Abscheidungsmechanismus verbietet die Galvanisierung von Kleinteilen nach Verfahren der Massengalvanisierung.

Fällt das Kühlaggregat aus, so muß das Bad unter den Trübungspunkt abgekühlt, und die Umpumpanlage mit destilliertem Wasser gespült werden.

Läßt man auf eine ebene Probefläche von 10 x 4 cm einen Lichtstrahl unter 70 Grad gegen die Flächennormale einfallen, so liegt die gerichtete Reflexion unter 30 % der Einfallsintensität.

Ammoniumhaltige Bäder (Hartnickelbäder). Ammoniumhaltige Bäder liefern harte Nickelniederschläge. Sie werden meist bei Raumtemperatur betrieben. Ihre Zusammensetzung richtet sich nach der Stromdichte.

Badzusammensetzungen:

Nickelsulfat $NiSO_4 \cdot 7\,H_2O$	130 ... 195	195 ... 225	75 g/*l*
Salmiak NH_4Cl	15 ... 25	–	6 g/*l*
Nickelchlorid $NiCl_2 \cdot 6\,H_2O$	–	60	– g/*l*
Ammoniumsulfat $(NH_4)_2SO_4$	–	44	– g/*l*
Borsäure H_3BO_3	15	30	– g/*l*
Temperatur	20 ... 30	20	20 °C
pH-Wert	5,3	5,6 ... 5,9	5,6 für Blei-, 6,0 für Wachsformen
kath. Stromdichte S	0,5 ... 2	2 ... 5 bei Badbewegung höher	1 ... 2 A/dm^2
anod. Stromdichte	0,3 ... 1	1 ... 3	0,5 ... 1 A/dm^2
Bemerkung			zur Herstellung von Formkörpern

Die Galvano-Fachfirmen haben Nickelplastikbäder auf den Markt gebracht, die bei höherem Salzgehalt und Temperaturen bis 60 °C mit Stromdichten bis 15 A/dm^2 betrieben werden können.

Ammoniumhaltige Bäder dienen als Elektrolyt zur Vernicklung von Massengütern in Trommeln oder Glocken.

Setzt man Zinksulfat zu, so erhält man schwarze Nickelniederschläge, die z. B. auf medizinischen Bestecken erwünscht sein können.

(Badtyp für Schwarzvernicklung: Nickelsulfat 75 g/*l*, Nickelammoniumsulfat 45 g/*l*, Zinksulfat 37 g/*l* Natriumthiocyanat 15 g/*l*.)

Chloridreiche und Reinchloridbäder. Solche Bäder liefern härtere Niederschläge, lassen höhere kathodische Stromdichten zu und besitzen besseres Streuvermögen bei fast 100 prozentiger Stromausbeute. Nachteile sind: die korrodierende Wirkung, die Inkonstanz des pH-Wertes, die häufige Korrektion erfordert, und innere Spannungen der Nickelschicht bei geringer Duktilität.

Badzusammensetzungen:

Nickelchlorid $NiCl_2 \cdot 6\,H_2O$	250 g/l	300 g/l	175 g/l
Nickelsulfat $NiSO_4 \cdot 7\,H_2O$	–	–	215 g/l
Borsäure H_3BO_3	–	30 g/l	40 g/l
Nickelazetat $(CH_3COO)_2Ni$	105 g/l	–	–
pH-Wert	4,6	–	1,5
Arbeittemperatur	45	45 ... 50	45 °C
Stromdichte	5 A/dm^2	12 A/dm^2	10 ... 15 A/dm^2

b) Verunreinigungen in Nickelbädern und ihre Beseitigung

Zusammenstellung der Verunreinigungsmöglichkeiten. Metallische, organische und physikalische [1]) Verunreinigungen führen zu den verschiedensten Abscheidungsfehlern, wie sie in Tabelle II.3 aufgeführt sind. Im folgenden werden die hauptsächlichsten Verunreinigungen betrachtet:

Kupfer: verursacht bei niederen Stromdichten Schwärzung, führt zur Versprödung des Niederschlags und mindert die Korrosionsbeständigkeit. Stört bei Konzentrationen von 30 bis 300 mg/l [2]), mit Sicherheit bei 500 mg/l. Vorbeugend sollten in das Bad gefallene Messingteile sofort herausgefischt werden.

Beseitigung: Selektive Reinigung [3]) bei 0,5 A/dm^2 oder chemische Reinigung.

Zink: Bis etwa 20 mg/l wirkt Zink glanzerhöhend, wobei der Niederschlag spröder wird. Über 60 mg/l Zink ergibt eine ähnliche Schwarzfärbung wie bei Kupferverunreinigung.

Beseitigung: Selektive Reinigung bei 0,3 A/dm^2.

Cadmium: Bis etwa 100 mg/l wird mit gleichzeitiger Versprödung der Glanz erhöht.

Beseitigung: Selektivreinigung bei 0,5 A/dm^2.

Eisen: Im niedrigen Stromdichtebereich können 50 bis 80 mg/l, bei hohen Stromdichten etwa 200 mg/l als kritische Grenzkonzentration angenommen werden. Der Nickelniederschlag wird spröde, bei Glanznickel können weiße Flecken entstehen, die Oberfläche kann Orangenschalenstruktur (Orange-Peel) annehmen.

Beseitigung: Selektive Reinigung bei 0,5 A/dm^2. Falls diese nicht ausreicht oder versagt muß chemisch gereinigt werden. (Mittels Wasserstoffperoxid (H_2O_2) wird das Eisen zum dreiwertigen Zustand oxidiert,

---

[1]) Staub u. ä.

[2]) mg = Milligramm

[3]) Siehe Ende dieses Abschnitts.

durch Erhöhen des pH-Wertes mit Hilfe von Nickelcarbonat auf über 5 als Hydroxid in fein verteilter, fester Form ausgefällt und durch Filtrieren aus dem Nickelbad entfernt. Zwei Moleküle $FeSO_4$ erfordern ein Molekül H_2O_2 gemäß:

$$2\ FeSO_4 + H_2O_2 + H_2SO_4 = Fe_2(SO_4)_3 + 2\ H_2O$$

Blei: Blei im Nickelbad führt zu streifiger Abscheidung.

Beseitigung: Selektive Reinigung bei 0,3 A/dm^2.

Chrom: Sechswertiges Chrom stellt eine sehr häßliche Verunreinigung dar. Bereits 10 mg/*l* setzen die Stromausbeute merklich herab, bei 100 mg/*l* erfolgt praktisch keine Abscheidung mehr.

Beseitigung: Selektive Reinigung bzw. chemische Fällung. (Natriumbisulfit reduziert sechswertiges zu dreiwertigem Chrom, das sich durch Anheben des pH-Wertes ausfällen läßt. Es muß quantitativ gearbeitet werden, d. h. der Chrom-VI-Gehalt muß analytisch bestimmt werden.)

Calcium: Durch zu hartes Wasser beim Ansetzen des Bades oder durch Wassereinschleppen kann sich Calciumsulfat (Gips) bilden, wodurch Poren im Niederschlag auftreten können.

Beseitigung: Nach Erwärmen des Bades auf 60 bis 70 °C erreicht die Löslichkeit für $CaSO_4$ ein Maximum. Anschließend teilweise Beseitigung des Schadstoffes durch Ausfrieren und Filtern.

Aluminium: Aluminium erzeugt in Bädern mit höherem pH-Wert rauhe und porige Niederschläge.

Beseitigung: Bad auf hohen pH-Wert einstellen. Aluminium fällt als Hydroxid aus und wird durch Filtrieren entfernt.

Ammonium (NH_4^+): Es bildet sich Nickelammoniumsulfat, dessen Entfernung sehr schwierig ist. Nach der Herkunft des Ammoniums sollte gesucht werden, um eine Zunahme der Verunreinigung abstellen zu können.

Alkalien: 50 bis 100 mg/*l* sind harmlos. Bei größeren Konzentrationen kann der Niederschlag Rauhigkeiten zeigen. Eine Alkali- (Na oder K)-Bestimmung ist schwierig durchzuführen; qualitativ genügt die Flammprobe (Natrium färbt die Flamme gelb, Kalium rot). Eine Methode zur Beseitigung ist Verf. nicht bekannt.

Hydrate (Komplexe): Sie wirken ähnlich wie Chrom.

Beseitigung: Bad ansäuern und bei hohen Stromdichten unter starker Wasserstoffentwicklung mit Ausschußkathoden durcharbeiten.

Silikate: Aus Entfettungsbädern können Silikate eingeschleppt werden. Sie können zu kleinporigen Niederschlägen führen.

Beseitigung: Bildung kolloidaler [1]) Silikate durch Erhöhen des pH-Wertes und über Adsorptionsfilter entfernen.

Organische Verunreinigungen: Die Abbauprodukte der Glanz- und Netzmittelzusätze wirken sehr störend, da sie sich adsorptiv auf der Kathodenoberfläche festsetzen können. Beim Ansatz eines Hochglanzbades oder bei seiner Regenerierung sind Überdosierungen zu vermeiden! Sonst muß die Überdosierung mittels Ausschußkathoden ausgearbeitet werden. Überdosierung von Glanz- und Netzmitteln führt zur Versprödung der Niederschläge.

Beseitigung: Die organischen Abbauprodukte werden kontinuierlich herausgefiltert oder falls dies nicht ausreicht mit Hilfe von Aktivkohle entfernt. Da die maximale Beladung der Aktivkohle an Schadstoff einen Grenzwert besitzt, der bei einer bestimmten Aktivkohlenkonzentration im Nickelbad erreicht wird, ist es nicht sinnvoll mit der Zugabe an Aktivkohle über diesen Wert hinauszugehen. Besser als eine Zugabe von z. B. 10 *g/l* Aktivkohle ist es, zweimal nur je 5 *g/l* mit Zwischenfiltrierung des Bades zuzusetzen.

Fette, (z. B. von Fördereinrichtungen herabtropfendes Öl), *Seifen* oder *ungeeignete Netzmittel* müssen vom Nickelbad ferngehalten werden, da sie u. U. nur schwierig entfernt werden können.

Selektive Reinigung von Nickelbädern. Die selektive Reinigung ist für Hochglanznickelbäder praktisch unentbehrlich. Am zweckmäßigsten wird sie kontinuierlich während des Vernicklungsbetriebes durchgeführt. Hierzu dient ein zweiter Nickelbadbehälter mit etwa einem Fünftel des Fassungsvermögens des Vernicklungsbades. Als Kathoden werden frisch vorvernickelte Stahlbleche empfohlen, um einer Eisenverunreinigung von dieser Seite vorzubeugen. Die Nickelanoden müssen in Anodensäcken stecken. Hat man es mit Verunreinigungen zu tun, die bei ein und derselben Stromdichte abgeschieden werden, so sind glatte Kathodenbleche vorzuziehen; andernfalls können gewellte oder zickzackförmige Kathoden eingesetzt werden, wobei eine mittlere Stromdichte eingehalten wird. Besser würden aber auch hier glatte Bleche eingesetzt, wobei die Stromdichte in den erforderlichen Grenzen verändert werden müßte. Der Reinigungsbehälter steht über das Umpump- und Filtersystem mit dem Vernicklungsbad in Verbindung. Die selektive Reinigung läßt sich auch im Vernicklungsbad selbst in den Betriebspausen z. B. über Nacht durchführen.

---

[1]) Kolloide = Molekülaggregate submikroskopischer Größe.

Tabelle II.3: Fehler, Ursache und Beseitigung bei Nickelbädern

In der Tabelle sind die oben ausführlich behandelten Fehlerquellen kurz mit aufgeführt. Ihre Beseitigung mittels elektrolytischer, selektiver Reinigung wird mit SR abgekürzt.

Fehler	Ursache	Beseitigung
Abblättern	Entfettungs- oder Dekapierfehler	Vorbehandlung überprüfen und ev. verbessern
	Stromunterbrechung	Stromzuführung und Kontakte prüfen
	Metallische Verunreinigungen	SR oder chemische Reinigung
	Organische Verunreinigung	SR oder Aktivkohlebehandlung
Versprödung der Niederschläge	pH-Wert zu gering oder zu hoch	pH-Wert richtigstellen (erhöhen mit Nickelcarbonat, erniedrigen mit Schwefel- oder Salzsäure)
	Zu hohe Glanzmittelkonzentration, organische Verunreinigungen, Fremdmetalle	siehe oben
Anbrennen	Zu hohe Stromdichte	Stromdichte richtigstellen
	Metall- oder Borsäuregehalt zu gering	Analytisch kontrollieren und richtigstellen
	Zu geringe Badtemperatur	Temperatur überprüfen
Porenbildung	Zu geringe Netzmittelkonzentration	Netzmittel zusetzen
	Organische oder Fremdmetallverunreinigung	siehe oben
	Filterpumpe saugt Luft	Pumpe und Leitungen prüfen
Rauhe Abscheidung	Mechanische Verunreinigungen	Filter und Anodensäcke überprüfen, Filter reinigen
	Entfettungs- oder Dekapierfehler	Vorbehandlung überprüfen
Matte Abscheidung	Zu geringe Glanzmittelkonzentration	Hullzellenprüfung [1]) und stromdichtespezifisches Glanzmittel zugeben
	Falscher pH-Wert	pH-Wert richtigstellen
	Falsche Badtemperatur	Temperatur richtigstellen
	Organische Verunreinigung	siehe oben
	Entfettungsfehler	Entfettungsbad erneuern
Orangenschalenstruktur	Fetteinschleppung	SR, Aktivkohlebehandlung
	Alkalimetalle	siehe oben, Dekapierung überprüfen
	Fremdmetalle	siehe oben
	Cyanidische Kupferbadreste	Gründlicher spülen
Schlechte Streuung, dunkler Niederschlag an Stellen niedriger Stromdichte	Zu geringer Metall- oder Chloridgehalt	Gemäß Analysenergebnis richtigstellen
	Metallische, organische oder Chrombad-Verunreinigung	siehe oben
	Zu geringe Stromdichte	Stromdichte erhöhen
	Schlechte Kontakte	Kontaktstellen überprüfen
	Entfettungsfehler	Entfettungsbäder überprüfen

[1]) Siehe IV. A.1 „Hullzellenprüfung"

c) Nickelanoden

Nickel nimmt unter den galvanisierfähigen Metallen insofern eine Sonderstellung ein, als es erst bei größerer Anodenpolarisation in Lösung geht. Die Anodenpolarisation kann vermindert werden durch Oberflächenadsorption von Stoffen wie Chlor- und Wasserstoffionen oder durch Zulegieren von Stoffen wie Kohlenstoff, Eisen, Kupfer, Schwefel, Silicium, Phosphor und anderen. Nickeloxid hat dieselbe Wirkung. Die Legierungszuschläge können dabei meist so gering gehalten werden, daß sie beim Auflösen der Anode als Verunreinigung nicht stören. Die Nickelanoden sind nach DIN 1702 genormt.

Nicht alle Anodentypen eignen sich für die verschiedenen Nickelbäder. Neben der Löslichkeit selbst spielt die Schlammbildung durch Herauslösen von Nickelkristallen und der Ausnutzungsgrad eine wirtschaftliche Rolle. Anodenhersteller und Galvanikfachfirmen geben entsprechende Ratschläge.

Niedriger pH-Wert und hoher Chloridgehalt unterstützen die Anodenlöslichkeit.

Als Hochleistungsanoden gelten die Reinanode nach DIN 1702 Ni 99,7 und Elektrolyt-Nickelanoden. Anoden mit 0,4 bis 0,8 % Nickeloxidgehalt und 0,003 % Schwefel oder anderer Zusätze heißen „depolarisierte“ Anoden. Sie behalten auch bei hohen Stromdichten (größer 10 A/dm^2) eine gute Löslichkeit. Die „Diaphragma“-Anode [1]) enthält Kohlenstoff und Silicium (je 0,3 %). Im Elektrolyten bildet das Silicium zusammen mit dem frei werdenden Kohlenstoff ein quasifestes [2]) Kieselsäure-Kohlenstoffgerüst, das Nickelionen ungestört hindurchläßt, während größere Moleküle wie die organischer Glanzzusätze oder Netzmittel von der eigentlichen Anodenoberfläche ferngehalten werden, so daß sie nicht polarisierend wirken können. Das Diaphragma wirkt als Filter und hält Nickelschlamm zurück, so daß Anodensäcke entfallen können [3]).

Nickelanoden werden als Platten- oder Knüppelanoden (ovaler Querschnitt) geliefert. Knüppelanoden bieten auf gleichem Raum wie Plattenanoden verteilt, wesentlich größere Oberflächen. Zur Verwendung in Titan-Anodentaschen werden kleine quaderförmige (sog. „Squares„) oder kugelige („Pellets“) Elektrolyt-Nickelanoden angeboten. Dadurch wird ebenfalls eine Oberflächenvergrößerung erzielt. Von der manchmal geübten Praxis, zur Verbesserung der Anodenlöslichkeit verschiedene Anodentypen in ein und dasselbe Bad zu hängen, wird abgeraten, da sich dann praktisch nur die besser lösliche Anode löst.

---

1) Diaphragma = stromdurchlässige Scheidewand

2) quasi = gleichsam

3) In der Praxis nicht immer bewährt, da Diaphragmateile abfallen können. Solches bringt diesen Anodentyp ungerechtfertigt in Mißkredit.

d) Doppelvernicklung

Die Doppelvernicklung wird als Korrosionsschutzschicht auf Teile aufgebracht, die der Außenluft ausgesetzt sind. Das Verfahren wird vorwiegend in der Automobilindustrie angewandt. Da viele Teile, die früher aus Messing gefertigt wurden heute aus Stahl und Zinkdruckguß hergestellt werden, ergibt sich vom Material her bereits eine größere Korrosionsanfälligkeit. Weitere Faktoren zur Beschleunigung der Korrosion sind die mit der Zunahme der Industrialisierung Hand in Hand gehende stärkere Luftverschmutzung, sowie von der Vernicklungsseite her die Erzeugung von Hochglanznickelschichten, während früher potentialmäßig edlere Matt- oder Halbglanznickelschichten vorlagen, die entsprechend nachpoliert worden waren.

Prinzipiell sind Mehrschichtauflagen korrosionsbeständiger als Einschichtbelegungen, wenn bei gleicher Gesamtschichtdicke die nach außen folgende Schicht unedler ist als die innere, oder wenn edlere Zwischenbeläge vorliegen.

Bild II.2 zeigt den Aufbau und das Korrosionsverhalten einer Doppelnickelschicht im Vergleich zur Einfach-Hochglanznickelschicht. Die Matt- oder Halbglanznickelschicht ist feldorientiert aufgebaut, die Hochglanznickelschicht ausgebreitet basisorientiert. In normaler Land- oder Seeluft erweist sich die Matt- bzw. Halbglanzschicht als die edlere. Die durch Risse oder Poren erfolgende Korrosion wird daher zunächst an der Grenze der beiden Nickelschichten gehemmt. Der in die Hochglanzschicht eingebaute Schwefel wird für das unedlere Verhalten verantwortlich gemacht. In schwefeldioxidhaltiger Luft korrodiert auch Mattnickel relativ rasch.

Die Matt- bzw. Halbglanznickelschicht wird in einem schwefelfreien Bad erzeugt. Die anwendbare Stromdichte liegt für die meisten Bäder dieser Art um etwa 30 % niedriger als bei Hochglanzbädern. Die Dicke der Hochglanznickelschicht soll 50 % der Gesamtnickelschicht nicht überschreiten, um genügende Duktilität zu wahren. Meistens werden nur 25 bis 30 % der Gesamtschichtstärke gewählt. Für Automobilaußenteile beträgt die Gesamtschichtstärke 50 μm.

Bild II.2. Doppelnickelschicht (schematisch). Korrosion wird zunächst an der Grenze zwischen den Nickelschichten gestoppt, da Hochglanznickel in Lösung geht und die Pore schließt.

Eine Erweiterung bedeutet der Tri-Nickel-Überzug. Hier wird zwischen die Halbglanz- und Hochglanznickelschicht eine dünne dritte Nickelschicht gelegt (Schichtstärke meist unter 1 μm). Diese Schicht ist unedler als die darüber oder darunter liegende Nickelschicht. Sie kann aus ammoniakalischen Bädern abgeschieden werden oder mit Phosphor oder Bor legiert sein.

e) Anlage

Behälter: Stahlblechbehälter mit Hartgummi- oder Kunststoffauskleidung. Badbewegung: Lufteinblasung oder langsame Warenbewegung. Hierbei wird die Warenstange mittels Elektromotor exzentrisch hin- und herbewegt. Behälter für selektive Reinigung. Heizeinrichtung (Tauchwärmer, Heizschlange oder Wärmeaustauscher).

Pumpe und Filtriereinrichtung: Bei kleineren Anlagen genügen Geräte, die mit Papierfilterscheiben bestückt werden. Sie sind allerdings zur Anschwemmung von Aktivkohle wenig geeignet. Bei Anschwemmfiltern, die eine Reinigung durch Rückspülen erlauben, wird das Filterhilfsmittel (Kohle, Kieselgur, asbesthaltiges Material) gegen feinmaschige Kunststoffgewebe angeschwemmt. Solche Geräte befriedigen dann, wenn sich der Filterkuchen beim Rückspülen wieder restlos ablöst. Filtergeräte mit losen, jeweils auf Rahmen aufgeschobenen Filtersäcken vereinen große Filterflächen mit geringem Raumbedarf. Die Filterkuchen lassen sich leicht entfernen (z. B. durch Abspritzen). Die Faltung muß so vorgenommen werden. (Eventuell unter Zuhilfenahme von Abstandshaltern aus Kunststoff), daß keine toten, d. h. nicht mit Filterhilfsmittel versehenen Gewebeflächen auftreten können. Durch diese Stellen würde die Aktivkohle hindurchgehen.

f) Anodentaschen, Einsatz von Titan (allgemein für Galvanisieren)

Platten und Knüppelanoden werden von Anodensäcken umgeben, die aus Baumwolle oder Kunststoffgeweben (Dralon, Perlon, Nylon u. ä.) bestehen. Die Materialien der Umhüllungen müssen der Badtemperatur und dem pH-Wert des Bades entsprechend gewählt werden.

Zur weiteren Ausnutzung von Anodenbruchstücken werden sogenannte „Sparanodentaschen" angeboten. Sie sind aus perforierten Kunststoffplatten gefertigt. Die Stromzufuhr erfolgt über Reinnickel- oder Titanstreifen.

In Titantaschen lassen sich Anodenreststücke auch dann noch ausarbeiten, wenn sie untereinander keinen elektrischen Kontakt mehr haben. In Kunststofftaschen ist ein Kontakt der Bruchstücke unbedingt erforderlich, wenn sie noch als Anoden wirksam sein sollen. Darüber hinaus werden Titantaschen von vorn herein mit Quadern (Squares) z.B. aus Nickel oder kleinen Kugeln (Pellets) z.B. aus Kadmium gefüllt[1]).

[1]) Siehe II. A.2.c Nickelanoden.

Titan läßt sich in manchen galvanischen Bädern als Material für Anodenbehälter, aber auch für Heizschlangen[1]), für Schutzrohre von Tauchwärmern oder für Wärmeaustauscher verwenden. Gegenüber Blei können Rohre dünnwandiger ausgeführt werden, wodurch erheblich an Gewicht eingespart wird. Im Vergleich zu Graphit als Wärmeaustauschermaterial hat Titan eine wesentlich bessere Wärmeleitfähigkeit und einen geringeren Widerstand für den Wärmedurchgang. Auch Warengestelle für Feuerverzinkung, anodisches Oxydieren und elektrolytisches Glänzen lassen sich aus Titan fertigen und einsetzen.

Wesentliche Gesichtspunkte für den Einsatz von Titan sind die Anschaffungskosten, die Korrosionsbeständigkeit und die elektrische Leitfähigkeit.

Die Anschaffungskosten sind hoch, werden aber mehr als aufgewogen durch lange Lebensdauer und geringen Wartungsbedarf.

Titan wird von Fluor und seinen Verbindungen stets angegriffen und kann in entsprechenden Lösungen nicht eingesetzt werden, im allgemeinen auch dann nicht, wenn Fluoride nur in geringen Konzentrationen vorliegen. In Salzsäure-, Schwefelsäure- und Oxalsäurelösungen z. B. wird Titan ebenfalls angegriffen[2]). Seine Korrosion wird jedoch gemildert, wenn stark oxydierende Stoffe (wie Chromsäure, Salpetersäure, Chlor) anwesend sind. In Nickelbädern läßt sich Titan gewöhnlich mit guter Wirtschaftlichkeit einsetzen. Die Anodenkosten können dabei um etwa 25 % gesenkt werden.

Die elektrische Leitfähigkeit von Titan ist relativ gering[3]). Seine Leitfähigkeit beträgt nur rund ein Dreißigstel der des Kupfers und nur etwa ein Zwanzigstel der des Aluminiums. Bei hohen Stromdichten treten u. U. zu hohe Temperaturen auf.

g) Vernickeln von Zinkguß- und Aluminiumoberflächen

Zinkdruckgußbehandlung

Vorreinigung: Nach Vorpolieren in Trichloräthylen vorentfetten, in alkalischer Lösung (z. B. 30 bis 60 g/*l* Trinatriumphosphat bei 80 bis 90 °C) kathodisch und evtl. anodisch entfetten (60 s kathodisch 8 A/dm^2, 5 s anodisch 4 A/dm^2); anschließend in Schwefel- oder Salzsäurelösung (ca. 5 %) bis zu Beginn der Gasentwicklung dekapieren, wenn sauer vorverkupfert wird.

---

1) Ein- und Ausgang mit elektrisch isolierendem Anschlußstück versehen, um schädliche Streuströme zu unterbinden.

2) Durch eine besondere Technik der anodischen Passivierung von Titan kann die Korrosionsgeschwindigkeit um mehrere Zehnerpotenzen vermindert werden.

3) Spez. Widerstand 0,475 Ω mm^2/m; für Kupfer 0,0155, für Aluminium 0,0241.

Vorverkupfern: Im sauren oder cyanidischen Bad glanzverkupfern. (Bei cyanidischer Verkupferung entfällt das vorherige Dekapieren). Wegen Diffusion des Zinks in das Kupfer sollte die Kupferauflage mindestens 7,5 μm betragen, damit die Nickelschicht ausreichend lange haftet. Dann heiß und kalt spülen und in Schwefelsäure (5 %) dekapieren. (Nach saurer Verkupferung kann das Dekapieren entfallen).

Die nach jeder Badbehandlung erfolgende Zwischenspülung in kaltem Wasser wurde nicht besonders aufgeführt.

Vernickeln: Das Vernickeln wird in den üblichen Nickelbädern durchgeführt. Zur Direktvernicklung ohne Vorverkupferung eignet sich ein Nickelbad der Zusammensetzung: 75 g/*l* Nickelsulfat, 80 g/*l* Natriumsulfat, 12,5 g/*l* Natriumchlorid und 12,5 g/*l* Borsäure. pH = 5,6 . . . 5,8, Temperatur 30 °C, Arbeitsstromdichte 2 . . . 3 A/dm^2.

Vernickeln von Aluminium

Vorbehandlung: Meistens wird Aluminium mit einem Zinküberzug versehen, der sich aus einer hinsichtlich des Zinks komplexen Zinklösung niederschlagen läßt. Gewöhnlich wird in Zinkatbeize getaucht. Sie entsteht, wenn Zinkoxid und Natronlauge in Wasser gelöst werden gemäß der Reaktionsgleichung:

$$ZnO + 2\,NaOH + H_2O = Na_2Zn(OH)_4 \rightleftharpoons 2\,Na^+ + Zn(OH)_4^{2-}$$

Zusammensetzung der Zinkatbeize:

Ätznatron	400 . . . 500 g/*l*	oder NaOH techn. 525 . . . 655 g/*l*
Zinkoxid	75 . . . 100 g/*l*	Tauchzeit: ca. 30 s

Weitere Behandlung und Vernickelung: wie bei Zinkguß.

3. Verchromen

Das Verchromen unterscheidet sich von anderen galvanischen Verfahren. Als Elektrolyt dient nicht eine Salz- sondern eine Chromsäurelösung [1]). Es gibt ferner keine löslichen Chromanoden; das Niederschlagsmetall wird aus dem Elektrolyten selbst entnommen. Die Stromausbeute und die Streufähigkeit des Chromsäureelektrolyten sind weitaus schlechter als bei anderen galvanischen Verfahren.

---

[1]) Eine Chromabscheidung aus einer Chromsalzlösung hat keine technische Bedeutung erlangt.

Man unterscheidet „dekorative" und „Hartverchromung" [1]). Das Verchromen verdankt seine Bedeutung den nützlichen Eigenschaften des Chroms wie: Glanzbewahrung durch einen dünnen, selbstheilenden Oxidüberzug als Korrosionspassivschicht [2]), große Härte (nach MOHS-Skala 9 bis 10), geringer Abrieb und hohe Verschleißfestigkeit, geringe Benetzbarkeit, inertes [3]) Verhalten gegen Preßmassen wie Kunststoff, Gummi, Glasmasse u. ä.

a) Chromabscheidung

Eine wünschenswerte Chromabscheidung erfordert neben der Chromsäure (Anhydrid: (CrO_3)) noch „Fremdsäuren", die katalytisch [4]) den Abscheidungsvorgang ermöglichen, sowie eine gewisse Menge dreiwertiges Chrom, das (bis zu einer maximal zulässigen Konzentration von 15 g/*l* Cr_2O_3) im Chrombad gelöst sein darf oder der Warenoberfläche durch eine Tauchbehandlung vor der Verchromung mitgegeben wird. (Im Verlauf der Elektrolyse bildet sich an der Kathode (Warenoberfläche) dreiwertiges Chrom, das an der Anode wieder zu sechswertigem Chrom oxidiert wird. Inwieweit sich der Elektrolyt mit dreiwertigem Chrom anreichert, hängt vom Oberflächenverhältnis der Kathode und Anode ab.)

Als „Fremdsäuren" eignen sich die Säureradikale SO_4^{2-}, F^-, SiF_6^{2-} und BF_4^-, die in Form ihrer Säuren oder Salze (z. B. Strontiumsulfat, Kaliumsiliciumfluorid) zugegeben werden. Das klassische Chrombad enthält Schwefelsäure als Katalysator, später entwickelte „Gemischsäurebäder" enthalten neben Schwefelsäure noch Siliciumfluorwasserstoff- oder Flußsäure bzw. deren Salze. Zu den Gemischsäurebädern zählen auch die sogenannten „selbstregulierenden" Elektrolyte. Das erste Bad dieser Art ist das SRHS-Bad (self-regulating-high-speed, bedeutet: selbstregulierendes Schnellverchromungsbad). Die Selbstregulierung beruht auf einer temperaturabhängigen Löslichkeit von Strontiumsulfat und Kaliumsiliciumfluorid als Katalysatoren, deren Konzentration sich im Verhältnis zur Chromsäureanhydridkonzentration [5]) selbständig optimal einstellt.

---

1) Besser wäre der Ausdruck „technische" oder „Starkverchromung".

2) Passiviertes Chrom hat ein Normalpotential von + 1,3 Volt, liegt also in der elektrochemischen Spannungsreihe zwischen Silber (+ 0,81 V) und Gold (+ 1,42 V). Für nicht passiviertes Chrom gilt: - 0,48 Volt.

3) inert = chemisch nicht reagierend, hier: auch nicht klebend!

4) katalytisch = reaktionsfördernd (oder hemmend), ohne eigene bleibende, chemische Veränderung.

5) Anhydrid = Säure ohne Wasser. $CrO_3 + H_2O = H_2CrO_4$; $2\ CrO_3 + H_2O = H_2Cr_2O_7$; beide Säuren liegen im Chrombad vor.

b) Dekorative Verchromung

Schichtaufbau. Galvanische Schutzschichten können edler oder unedler sein als das Grundmetall. Sind sie unedler (Beispiel: Zinküberzug auf Stahl oder Eisen), so können Poren im Überzug „zuheilen", wenn sie nicht zu groß sind. Mit atmosphärischer Feuchtigkeit als Elektrolyt bildet sich ein sogenanntes Lokalelement, wobei das unedle Metall in Lösung geht und sich auf dem edleren Metall niederschlägt. Im Sinne der Elektrolyse ist das unedle Metall die sich lösende Anode und das edle Metall die bedeckt werdende Kathode.

Ist das Überzugsmetall edler als das Grundmetall (Beispiel: Kupfer oder Nickel auf Eisen und Stahl oder (passiviertes) Chrom auf Nickel), so kann eine Pore nicht zuheilen, sondern es tritt sogenannter „Lochfraß" auf. Edlere Metallüberzüge müssen also poren- und rißfrei abgeschieden werden, wenn sie einen Korrosionsschutz übernehmen sollen.

Das abgeschiedene Chrom nimmt zunächst eine Zwangsstruktur mit innerer Zugspannung an (die den Niederschlag zu verkürzen sucht)[1].

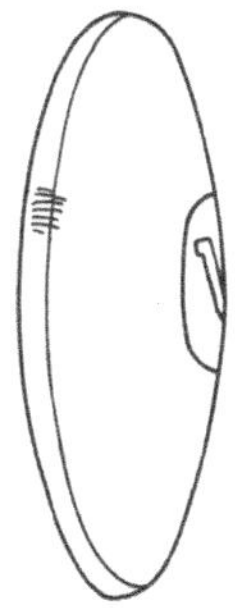

Bild II.3
Längsrisse in der Chromschicht einer Radkappe
(z. B. durch Galvanisieren im sauren Kupferbad sichtbar gemacht)

Unterhalb einer Mindestschichtdicke enthält die Chromschicht Poren; Risse treten auf, wenn eine bestimmte Schichtstärke erreicht ist. Ihre Dicke ist unterschiedlich und hängt von der Elektrolytzusammensetzung und den Betriebsdaten (Stromdichte, Temperatur und Verchromungszeit) ab. Bild II.3 zeigt ein grobes Rißwerk; es ist durch relativ lange, nahezu parallele Risse gekennzeichnet[2]. Längs dieser Risse tritt zuerst Korrosion ein, wie Kurz- und Langzeittests nachweisen.

---

[1] Die innere Spannung hat ihre Hauptursache vermutlich im Zerfall von Chromhydrid (Cr_2H oder CrH), das in die Schicht mit eingebaut wird und schon bei Raumtemperatur instabil ist. Mit Einsetzen der Rißbildung wird die Abgabe von Wasserstoff beobachtet. Die Volumenkontraktion kann bis zu 15 % betragen.

[2] Z.B. durch Kupferabscheidung in saurem Kupferbad sichtbar gemacht.

Nun bildet sich auch bei dünneren Chromschichten durch mechanische und thermische Beanspruchung [1]) ein Rißnetzwerk, auch wenn die Schicht vorher rißfrei abgeschieden wurde. An Korrosionsschutzwirkung wird demnach wenig gewonnen, wenn die Werkstücke den zwischen Zulieferer und Verarbeiter vereinbarten Prüfbedingungen genügen, nur weil die Chromschicht zur Zeit der Prüfung rißfrei war.

Man beschreitet daher einen anderen Weg: Der Chromniederschlag wird mikrorissig abgeschieden. Damit kommt man der unkontrollierten, groben Rißbildung zuvor. Der zwischen dem passiven Chrom und der normalerweise darunterliegenden Nickelschicht bestehende Potentialunterschied hat bei einer mikrorissigen Chromauflage eine wesentlich kleinere Stromdichte der Korrosionsströme zur Folge, da um ein mehrfaches größere Nickelflächen kathodisch wirksam werden. Die Korrosion verteilt sich fast gleichmäßig auf die gesamte Oberfläche und wird merklich verlangsamt [2]). Bild II.4 zeigt einen mikrorissigen Chromniederschlag im Vergleich zu einem makrorissigen. Ein ähnliches Korrosionsverhalten wird mit mikroporigen Chromabscheidungen erreicht.

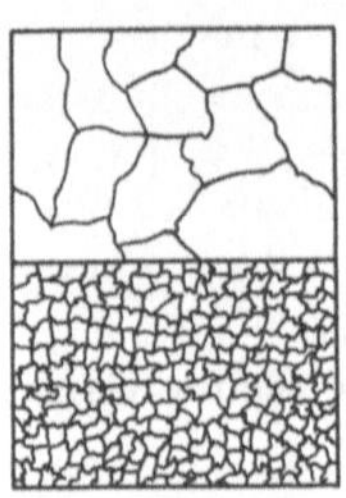

Bild II.4
Grobes und feines Rißnetzwerk in Chromschichten (schematische Darstellung). V = 125 fach.

Doppelchromschicht: Da die Bäder, in denen Chrom mikrorissig abgeschieden wird, meist eine schlechte Streufähigkeit besitzen, kann in einem Standardelektrolyten [3]) zunächst rißfreies Chrom niedergeschlagen und darauf mikrorissiges Chrom abgeschieden werden. Dabei setzt sich das Feinrißnetzwerk durch die beiden Chromschichten durch.

Mikroporige Chromschicht: Setzt man einem Nickelbad Stoffteilchen mit Isolationseigenschaften, z. B. Kunststoffteilchen [4]) zu, so gewinnt man eine Nickelabscheidung mit zahlreichen elektrisch isolierenden Einschlüssen

---

[1]) Wärmeausdehnungskoeffizient von Chrom 6,6 bis $8{,}4 \cdot 10^{-6}$ 1/Grad; von Eisen und Stahl 11,7 bis $13{,}6 \cdot 10^{-6}$ 1/Grad (im Bereich 0 bis 400 °C)

[2]) Korrosion läßt sich keineswegs verhindern, sie kann immer nur höchstens verlangsamt werden.

[3]) 250 g/*l* CrO_3 + 2,5 g/*l* H_2SO_4: sogenanntes „verdünntes" Chrombad.

[4]) Geeignet ist eine Vielzahl anorganischer und organischer Teilchen.

(z.B. Nickelsealverfahren). Je nach Größe der Teilchen, Stromdichte und Vernicklungsdauer erhält man bis zu mehreren hunderttausend Poren/cm². Normalerweise wird eine solche Nickelschicht in einer Stärke von unter ein Mikrometer auf die Hochglanznickelschicht abgeschieden. Deren Glanz wird dadurch praktisch nicht vermindert. Scheidet man hierauf Chrom ab, so entsteht eine mikroporige Chromschicht.

Verchromungsbäder. Allen Verchromungsbädern gemeinsam ist ihr schlechter Stromausbeutefaktor und die schlechte Mikro- und Makrostreufähigkeit. Unter Mikrostreufähigkeit versteht man die Fähigkeit, das Abscheidungsmetall in den Tälern des Oberflächen-Mikrogebirges abzuscheiden. Die Mikrostreuung ist dann gut, wenn die ursprüngliche Oberflächenrauhigkeit vermindert wird und schlecht, wenn sie verstärkt wird.

Der schlechte Stromausbeutefaktor besagt, daß der Hauptanteil der elektrischen Energie der Wasserzersetzung dient. An der Anode bildet sich Sauerstoff, an der Kathode Wasserstoff (in doppelter Menge).

Chrom scheidet sich erst von einer Mindeststromdichte an ab. Ihre Größe wird von der Art und Konzentration der Fremdsäure bestimmt. (Für Gewichtsverhältnisse $CrO_3 : H_2SO_4 = CrO_3 : HF = 100 : 1{,}5$ oder $CrO_3 : H_2SIF_6 = 100 : 4{,}7$ ist z.B. die Mindeststromdichte $S_{min} = 2{,}5$ A/dm².)

Schwefelsäure-Chrombad: Dieses Verchromungsbad kann als klassisches Chrombad angesehen werden. Es wird gewöhnlich in zwei verschiedenen Konzentrationen verwandt:

als „verdünntes" Bad mit 250 g/*l* CrO_3 + 2,5 g/*l* H_2SO_4 (+ etwas Cr_2O_3)
als „konzentriertes" Bad mit 400 g/*l* CrO_3 + 4 g/*l* H_2SO_4 (+ etwas Cr_2O_3).

Das Optimum des Verhältnisses Chromsäure zu Schwefelsäure beträgt 100 : 1,2; als Grenzen sind etwa 200 : 1 bis 50 : 1 anzusehen.

Bild II.5 zeigt die kathodische Stromausbeute der Bäder als Funktion der Stromdichte für verschiedene Elektrolyttemperaturen. Der schraffierte Bereich stellt das Temperatur-Stromdichtegebiet dar, innerhalb dessen harte, glänzende Chromniederschläge abgeschieden werden. Man entnimmt aus der graphischen Darstellung, daß die Stromausbeute für 20 A/dm² und 45 °C 13,6 % beträgt für das konzentrierte Bad [1]).

Die maximal erreichbare Stromausbeute hängt von der Art und Konzentration der Fremdsäuren, der Chromsäurekonzentration und den Betriebsbedingungen ab. Für das „verdünnte" Bad (bezüglich des Chromsäuregehalts) und 50 A/dm² bei 55 °C liegt sie bei 25 % für Wasserstoffsiliciumfluorid (H_2SiF_6), bei etwa 23 % für Flußsäure und bei 18,5 % für Schwefelsäure als Katalysatoren in ihren optimalen Konzentrationen zwischen 1,2 und 2 %, bezogen auf den CrO_3-Gehalt.

---

1) Siehe auch Bild II.9.

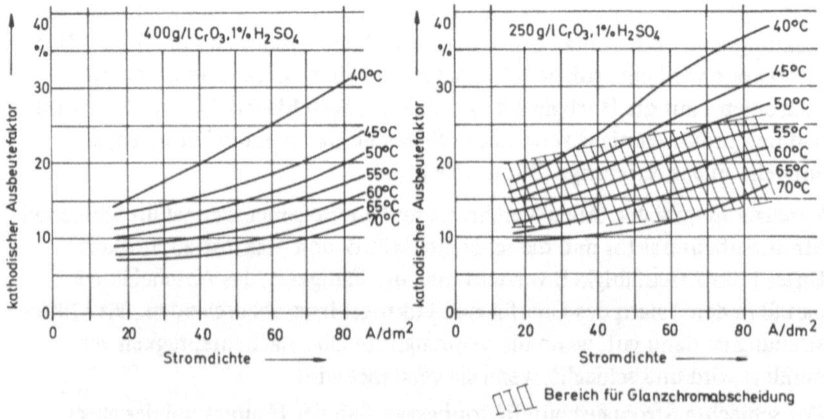

Bild II.5. **Kathodische Stromausbeute als Funktion der Stromdichte und Temperatur für das konzentrierte Chrombad (400 g/l CrO_3) und das verdünnte Chrombad (250 g/l CrO_3)**

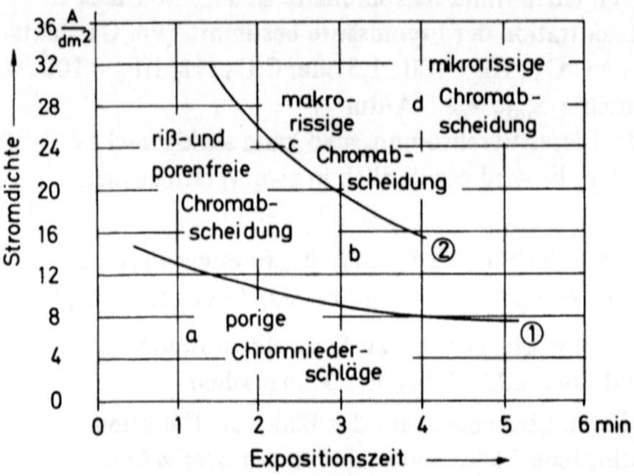

Bild II.6
Bereiche für verschiedene Chromabscheidungen und Grenzkurven für Riß- und porenfreie Chromabscheidung im Chromsäurebad mit 0,7 % Schwefelsäure (nach LPW-Taschenbuch für Galvanotechnik 11. Ausgabe)

Mischsäure-Chrombäder: Aus mischsauren Chrombädern lassen sich je nach Betriebsbedingungen porige, rißfreie, makro- und mikrorissige Niederschläge abscheiden. Bild II.6 enthält die Grenzkurven für ein Standardchrombad, wobei Stromdichten und Verchromungszeiten angegeben sind. Bleibt man unterhalb der Kurve (1), so wird der Chromniederschlag porig, im Bereich b rißfrei, oberhalb Kurve (2) erst grob- dann feinrissig (Bereiche c und d).

In patentierten Bädern der Galvanikfachfirmen sind die Kurven z. T. soweit verschoben, daß ausgedehnte Bereiche für rißfreie Verchromung erscheinen (Bereich b entsprechend).

Spezielle mischsaure Bäder existieren für dekorative Glanz-, für Hart- und für Trommelchrombäder.

Mischsäurebäder erlauben eine kurze Stromunterbrechung, so daß z. B. eine Maßverchromung während des Verchromens kontrolliert werden kann und während der Massenverchromung ein zeitweiser Kontaktverlust eines Kleinteiles sich nicht bemerkbar macht. Bei Schwefelsäure-Chrombädern sind Stromunterbrechungen nicht zulässig. Zur Massenverchromung von Kleinteilen werden Spezialtrommeln angeboten, die mit einem Rüttelförderer für eine dosierte Zufuhr zum Bad und einem Auswurfschaufelrad versehen sind.

Ein typisches Mischsäurebad enthält z. B.:

$$400\ g/l\ CrO_3 + 2{,}5\ g/l\ H_2SO_4 + 5{,}2\ g/l\ Na_2SO_4 .$$

In Schnellverchromungsbädern kann Katalysatorsubstanz (Strontiumsulfat und Kaliumsiliciumfluorid) als Bodenkörper [1]) vorliegen. Hierbei ist nicht die Menge der Salzzugaben von Bedeutung, sondern eine sorgfältige Temperaturüberwachung, da die optimale Katalysatorkonzentration durch deren temperaturgebundene Löslichkeit festgelegt ist.

Siliciumfluoridhaltige Bäder zeichnen sich durch merklich höhere Stromausbeute, größere Streufähigkeit und einen wesentlich erweiterten Stromdichte-Temperaturbereich [2]) für Glanzchromabscheidung aus.

Bild II.7 zeigt den Stromausbeutevergleich zwischen siliciumfluoridhaltigen, flußsauren und Standardchrombädern. Bei einer Stromdichte von 55 A/dm^2 wird die Stromausbeute für „verdünnte" Bäder beim Übergang vom Schwefelsäurebad zum Mischsäurebad von 17,5 auf 25 % erhöht. Dies bedeutet eine Steigerung von 43 % und eine Verkürzung der Verchromungszeit um 30 %. Für die dekorative Verchromung sind diese Überlegungen von geringer Bedeutung. Die Chromschichtstärken liegen unter 1 μm bei Schwefelsäure-Chrombädern und eventuell bei einigen wenigen Mikrometern bei Mischsäurebädern. Bei der Hartverchromung mit Schichtdicken von 5 bis 200 μm (seltener bis 1 000 μm) sind Stromausbeuteerhöhungen sehr erwünscht.

c) Hartverchromung

Die Hartverchromung wird vielfältig angewandt: Innenverchromung von Zylinderflächen und Verchromung der Laufflächen von Kolbenringen; Verchromen von Führungsleisten an Werkzeugmaschinen, von Meß- und Tastwerkzeugen, von Gleitlagerflächen, von Wellen aller Abmessungen, von Schneidwerkzeugen (wegen des guten Abfließens der Späne und hoher Standzeiten); von Stanz- und Tiefziehwerkzeugen, um einige zu nennen.

---

1) Bezeichnung des Chemikers für nicht mehr löslichen Substanzanteil.

2) Vergl. Bild II.5.

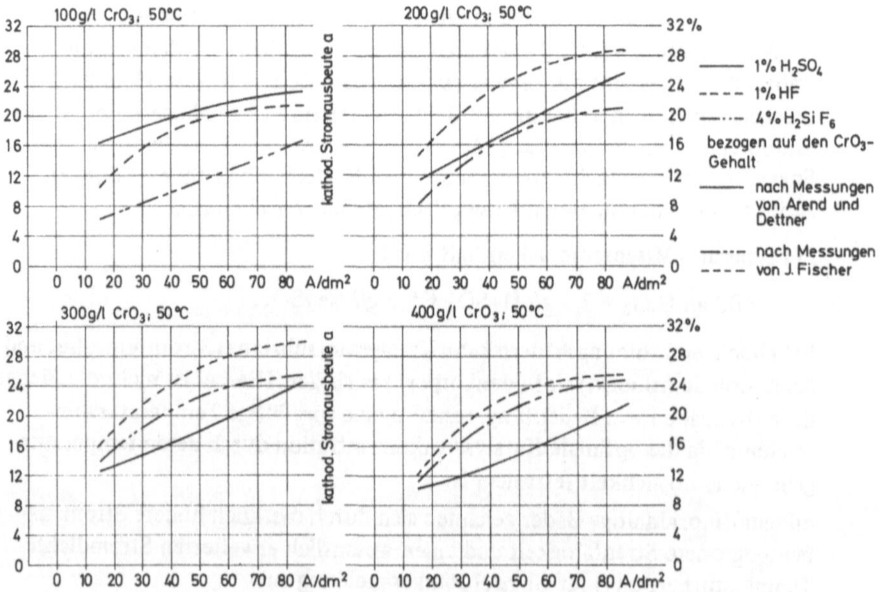

Bild II.7. Kathodische Stromausbeute für Chrombäder verschiedener Chromsäurekonzentration und unterschiedlicher Fremdsäure in Abhängigkeit von der Stromdichte bei 50 °C Elektrolyttemperatur

Neben der Korrosions-, Kavitations- und Temperaturbeständigkeit [1]) kommt es dabei vorwiegend auf die Härte und die Abriebfestigkeit des Chroms an.

Härte des Chromniederschlags und Abscheidungsbedingungen. Bei Hartverchromung ist folgendes zu beachten:

1. **Die Festigkeitseigenschaften des Werkstückes dürfen möglichst nicht verändert werden.**
2. **Die Chromschicht soll gleichmäßig dick mit gleichbleibenden Eigenschaften aufgebracht werden, auch wenn das Werkstück räumlich verformt ist.**

Bild II.8 enthält eine Zusammenstellung der Einflußfaktoren [2]), die den Werkstoff selbst, die Vorbehandlung, die eigentliche Verchromung und die Nachbehandlung umfassen. **Ihr Zusammenwirken ergibt das Ergebnis der Hartverchromung.**

---

[1]) Chrom ist bis etwa 400 °C anlaufbeständig.

[2]) Nach *H.-R. Kaiser* (Dissertation T. H. Darmstadt)

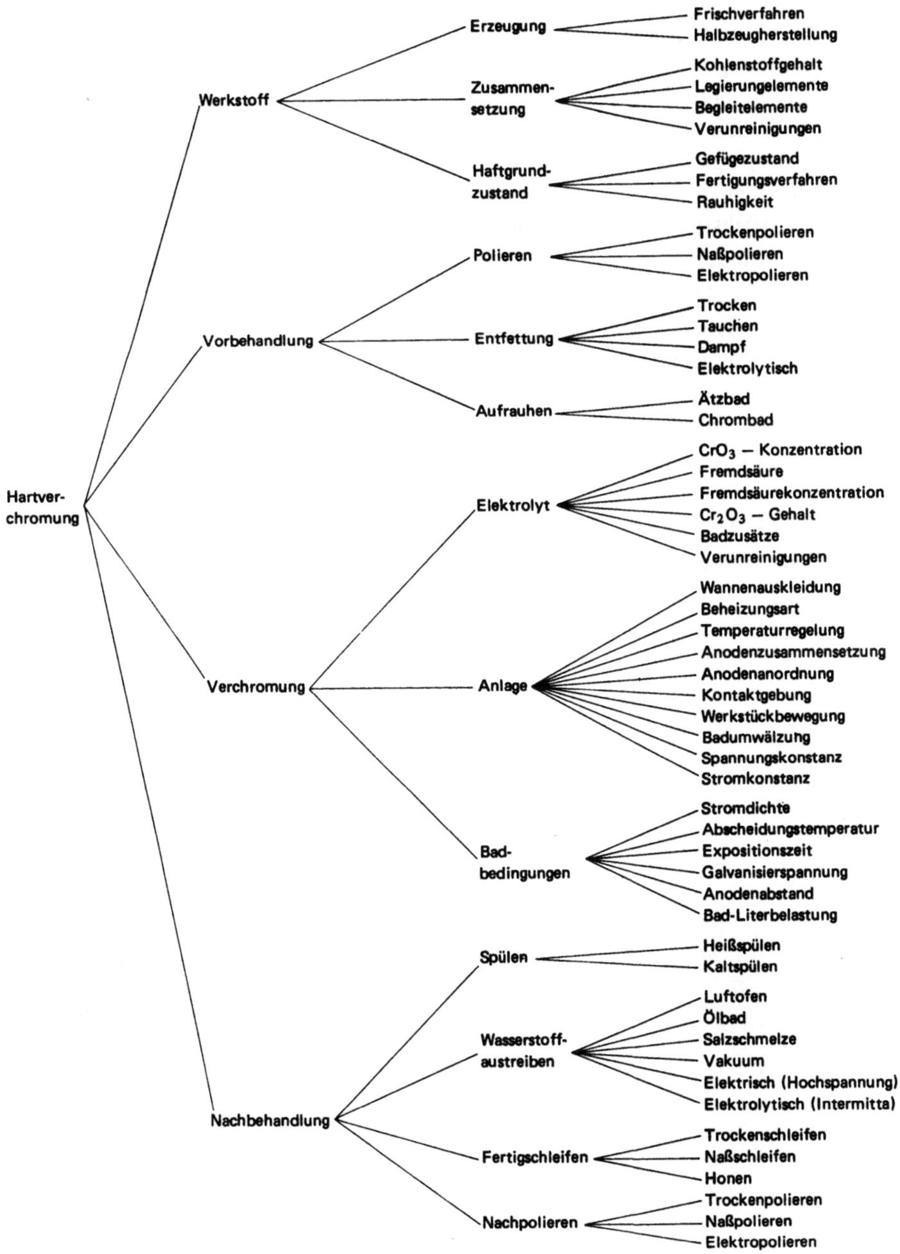

Bild II.8. Einflußfaktoren der Hartverchromung (nach *Kaiser*)

Bestimmenden Einfluß auf die Härte des galvanisch abgeschiedenen Chroms besitzt sein Kristallgitter. Chrom kommt als α-, β- und γ-Chrom vor. Aus sulfathaltigen Bädern scheidet sich vorwiegend die kubischraumzentrierte α-Modifikation[1]) ab. Sie bildet die harten, glänzenden Schichten. Bei matter, spröder und bei milchig weicher Abscheidung besitzt das Chrom die hexagonale γ-Struktur. Mattglänzende, schleiffähige Niederschläge bestehen aus Gemischen der α- und γ-Kristalle. Durch Wärme-Nachbehandlung können die Kristallstrukturen modifiziert werden, was meistens mit Härteverminderung verbunden ist.

Die Bilder II.9 und II.10 zeigen die Abscheidungsbedingungen für glänzende, für matt-glänzende, schleiffähige und für matte spröde und matte milchige Chromniederschläge.

Schichten mit Vickers-Härten, die größer sind als 850 kp/mm^2, erscheinen glänzend; schleiffähige matt-glänzende Niederschläge weisen Härtewerte um 800 kp/mm^2 auf, während weichere Abscheidungen je nach den Abscheidungsbedingungen matt und spröde oder milchig-matt sind. Offenbar ist der Chromhydridgehalt von großem Einfluß auf die Härte der Schichten.

Den geringsten Verschleiß zeigen Chromschichten mit Vickershärtewerten von 700 bis 750 kp/mm^2, wobei der Einfluß der Schichtstärke stark zurückgedrängt ist. Ziehmatritzen erreichen optimale Standzeiten[2]), wenn sie mit

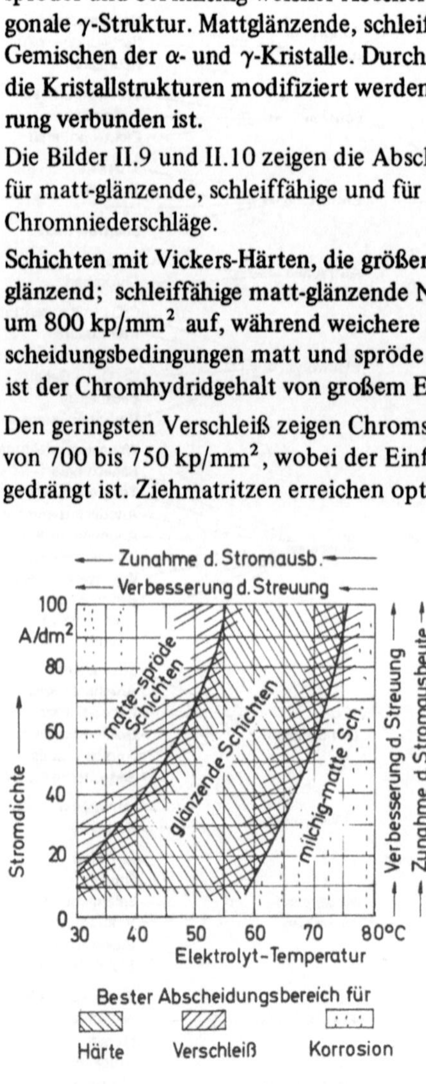

Bild II.9
Stromdichte und Elektrolyttemperatur für bestimmte Eigenschaften des Chromniederschlags mit den Grenzkurven für Glanzchromabscheidung für das „verdünnte" Chrombad (250 g/l CrO_3, 2,5 g/l H_2SO_4) nach *Arend* und *Dettner*

[1]) Modifikation = Umwandlung; modifizieren = umwandeln.

[2]) 4 ... 5 mal so lang wie nicht verchromte Matrizen.

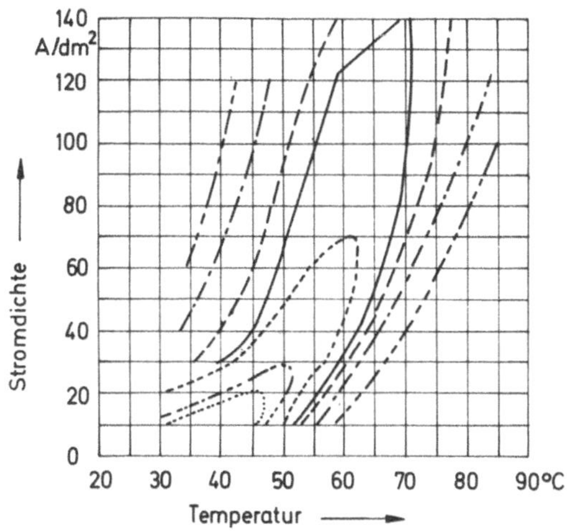

Bild II.10
Die Härte von Chromschichten in Abhängigkeit von den Abscheidungsbedingungen. (Elektrolyt: 200 g/l CrO_3, 1 % H_2SO_4) (nach *Eilender, Arend* und *Schmidtmann*)

10 μm Hartchrom mit 700 kp/mm² Vickershärte belegt werden. Chromniederschläge, die bei hohen Temperaturen mit geringen Stromdichten oder die umgekehrt bei niedrigen Temperaturen mit hohen Stromdichten abgeschieden werden, zeigen die besten Korrosionsschutzwerte, haben jedoch ihres Aussehens wegen kaum technische Bedeutung. Wenn auch vielfach im Standardchrombad (250 g/*l* CrO_3 + 2,5 g/*l* H_2SO_4) bei 55 °C mit 50 bis 60 A/dm² hartverchromt wird, so können die Abscheidungsbedingungen doch der Beanspruchung des Werkstückes angepaßt werden. Die Dauerfestigkeit hart verchromter Werkstücke hängt nach *M.-R. Kaiser* [1]) von der Elektrolyttemperatur ab. Oberhalb 60 °C zeigt sich meistens ein erheblicher Abfall; so hohe Temperaturen müssen also vermieden werden.

Die Bilder II.11, II.12 und II.13 zeigen die prozentuale Veränderung der Dauerbiegefestigkeit als Funktion der Hartchromschichtstärke für Kohlenstoffstähle mit verschiedenen Parametern (Temperatur und Stromdichte im Elektrolyten, Vorbehandlung des Werkstücks und Kohlenstoffgehalt). Die geringsten Veränderungen der ursprünglichen Festigkeitswerte ergeben sich bei 45 ... 55 °C Elektrolyttemperatur, 40 ... 60 A/dm² Stromdichte und nicht vor- oder nachbehandeltem Werkstoff.

Chromverteilung und Anodengestaltung. Bild II.14 zeigt schematisch die Metallverteilung bei schlechter Streufähigkeit, wie sie beim Hartverchromen auf nicht ebenen Werkstücken zu erwarten ist, wenn die Anoden selbst eben sind. Die anodennahen Flächen erhalten merklich dickere Chromschichten, da dort höhere Stromdichten und damit gleichzeitig höhere Stromausbeuten herrschen. (Vgl. Bild II.5.) Nach dem ersten Faradayschen Gesetz ist die Schichtstärke der Stromdichte und Stromausbeute proportional ($s \sim S \cdot a$).

[1]) Dissertation T. H. Darmstadt

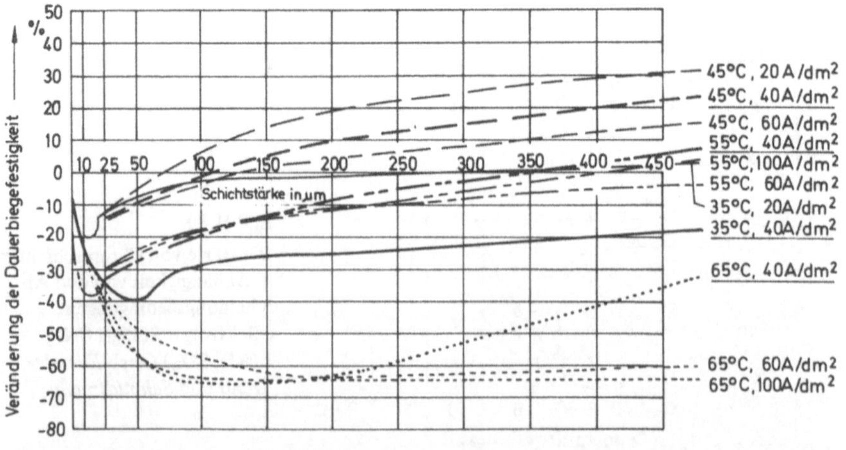

Bild II.11. Prozentuale Veränderung der Dauerbiegefestigkeit von normalisiertem Kohlenstoffstahl in Abhängigkeit von der Schichtstärke der Hartchromschicht für Stromdichten von 20, 40, 60 und 100 A/dm² bei 35, 45, 55 und 65 °C Elektrolyttemperatur (nach *Kaiser*).

Die Kurven mit 40 A/dm² Stromdichte als Parameter sind stärker hervorgehoben, um den Einfluß der Elektrolyttemperatur deutlich werden zu lassen.

In allen Fällen nimmt die Dauerbiegefestigkeit erst ab, um dann wieder anzusteigen. Den größten Abfall bewirkt eine Elektrolyttemperatur von 65 °C. (Einen ähnlichen Verlauf erhält man bei 75 °C.)

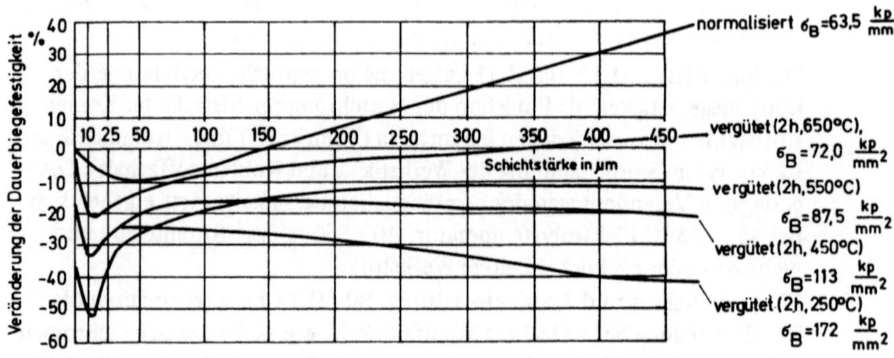

Bild II.12. Prozentuale Veränderung der Dauerbiegefestigkeit in Abhängigkeit von der Hartchromschichtdicke für normalisierten und bei verschiedenen Temperaturen vergüteten Kohlenstoffstahl (nach *Kaiser*).

Je niedriger die Vergütungstemperatur ist, um so stärker nimmt (bei Schichtdicken über etwa 100 µm) σ_{bW} ab. Bei einer Temperatur von 250 °C und einer Schichtstärke von 400 µm z. B. um 40 %!

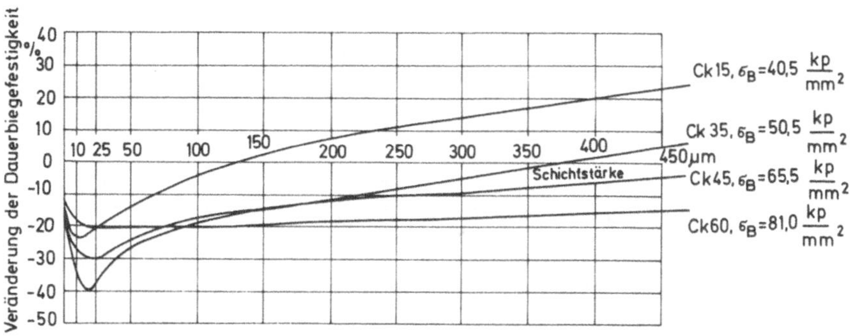

Bild II.13. Verhalten von Stählen mit unterschiedlichem Kohlenstoffgehalt bezüglich der Veränderung der Dauerbiegefestigkeit in Abhängigkeit von der Hartchromschichtstärke (nach *Kaiser*).

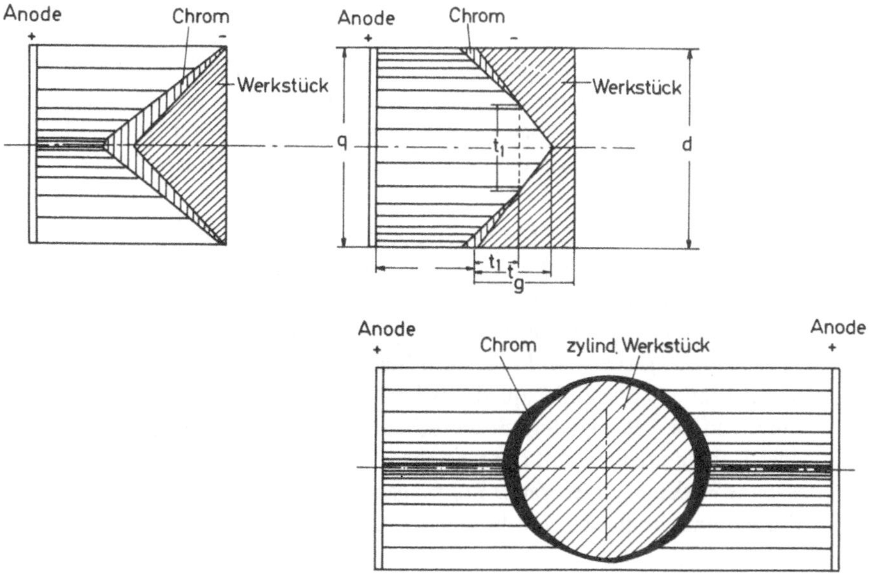

Bild II.14. Stromlinien und Schichtdickenverteilung über den Querschnitt unterschiedlich geformter Werkstücke (Makrostreuung) bei der Verchromung mit Plattenanoden (nach *Bilfinger*).

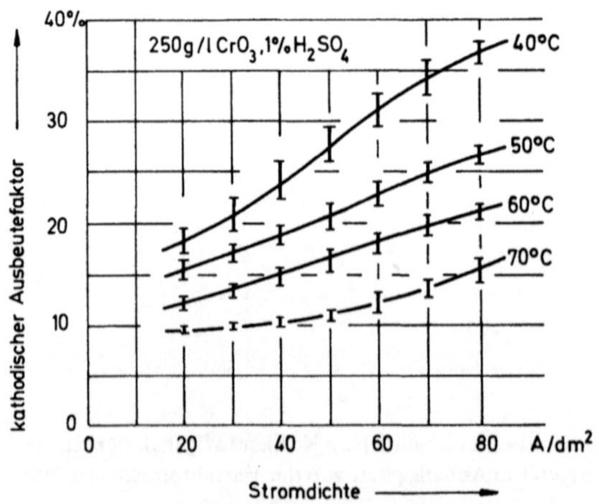

Bild II.15
Schwankungen des kathodischen Stromausbeutefaktors bei Stromdichteänderung um ± 5 A/dm²
Abszisse:
Arbeitsstromdichte
Ordinate:
kathodischer Stromausbeutefaktor
Parameter:
Elektrolyttemperatur

Bild II.15 enthält neben den Stromausbeuten in Abhängigkeit von der Stromdichte und Temperatur die Schwankungen der Stromausbeute für Stromdichteunterschiede von jeweils ± 5 A/dm². Bei gegebener Arbeitsstromdichte treten bei profilierten bzw. verformten Werkstücken Stromdichteschwankungen längs der Werkstückoberfläche auf. Die damit verbundenen Ausbeuteänderungen sind umso geringer, je höher die Elektrolyttemperatur gewählt werden kann. Bei den Arbeitsbedingungen: 40 °C, 30 A/dm² und 60 °C, 70 A/dm² erhält man etwa gleich harte Chromniederschläge. Im zweiten Fall sind allerdings eventuelle Stromausbeuteschwankungen nur halb so groß wie im ersten Fall, d.h. man erhält gleichmäßigere Schichtstärken. Allgemein gilt: Bei gegebener Stromdichte wird die Streufähigkeit mit zunehmender Stromausbeute schlechter.

Stärksten Einfluß auf die Chromverteilung während des Hartverchromens übt die Anodengestaltung aus. Die Bilder II.16 bis 19[1]) zeigen einige Beispiele. Bei einer Anordnung wie in Bild II.16a ist mit einer „elliptischen" Verzerrung zu rechnen, die umso geringer ausfällt, je größer der Abstand Anode – Ware gewählt wird[2]). Die Anordnung nach Bild II.16b ergibt eine gleichmäßigere Schichtstärke jedoch mit „quadratischer" Verzerrung. Für höhere Anforderungen an die Gleichmäßigkeit der Schichtdicke werden spiralige Anoden oder Rohranoden gewählt mit eineinhalb bis dreimal so großem Durchmesser wie das Werkstück. Mehrfache Bohrungen der Rohranoden gestatten eine Chromsäurezirkulation und besseren Abzug des entstehenden Gases

¹) Nach *Arend* und *Dettner*

²) Ein großer Abstand bedingt einen großen Elektrolytwiderstand, damit höheren Spannungsbedarf und höhere Stromkosten.

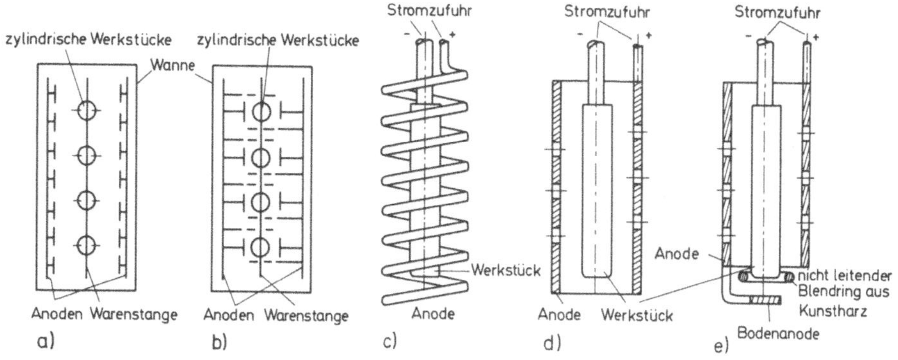

Bild II.16. Verchromung zylindrischer Werkstücke bei Verwendung verschiedener Anoden (nach *Arend* und *Dettner*)

a) geringe „elliptische" Verzerrung zu erwarten.

b) „Quadratische" Verzerrung zu erwarten.
Verzerrung wird vermieden durch Rotation der zylindrischen Werkstücke.

c) Spezialanodenform: Drahtspirale mit 1,5 bis 3mal so großem Durchmesser wie der Werkstückdurchmesser.

d) Rohranode mit Bohrungen zur Verbesserung der Elektrolytzirkulation und des Gasabzugs.

e) Die Gefahr einer verstärkten Bodenkantenverchromung wird durch Verkürzen der Rohranode und Anbringen eines Blendringes vermieden.

(Bilder II.16c und d). Ausblühungen des Chromniederschlags an der Endkante der Walze begegnet man durch Anbringen eines Abblendringes[1]) und Verkürzen der Rohranode. Eine Bodenanode wird angebracht, wenn die Stirnfläche ebenfalls verchromt werden soll (Bild II.16e).

Bild II.17a und b zeigt die Chromverteilung in Abhängigkeit von der Schaltung und Anodenform für die Innenverchromung eines langen Zylinders. Bild II.18 stellt eine Anordnung dar zur Außenverchromung eines Zylinders, dessen Stirnflächen nicht verchromt werden sollen und daher durch dicht anliegende Blendringe abgedeckt werden. Die schwach ausgeprägte Doppeltrichterform der Anode bezweckt eine gleichmäßige Chromverteilung.

Die Bilder II.19a, b und c geben Beispiele wieder, wie Blendringe angewandt werden können, um Kantenausblühungen zu verhindern. Am besten wirkt eine stromleitend mit der Kathode (Ware) verbundene metallische Abblendung.

---

[1]) Blendringe bestehen aus chromsäurebeständigem, nicht stromleitendem Kunstharz oder aus Metall, das mit der Kathode leitend verbunden wird. Zwischen Ware und Blendring bleibt ein geringer Abstand.

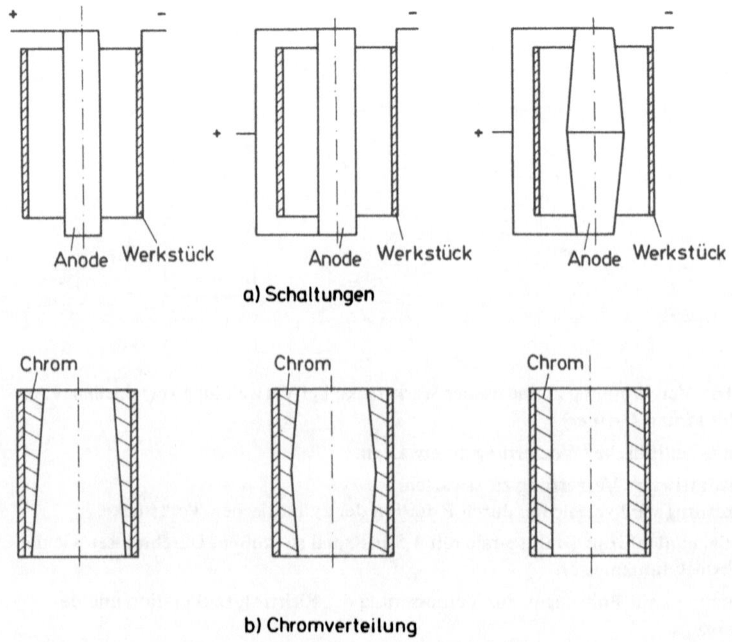

Bild II.17. a) und b) Anodengestaltung und Chromabscheidung bei Innenverchromung langer Rohre (nach *Arend* und *Dettner*)

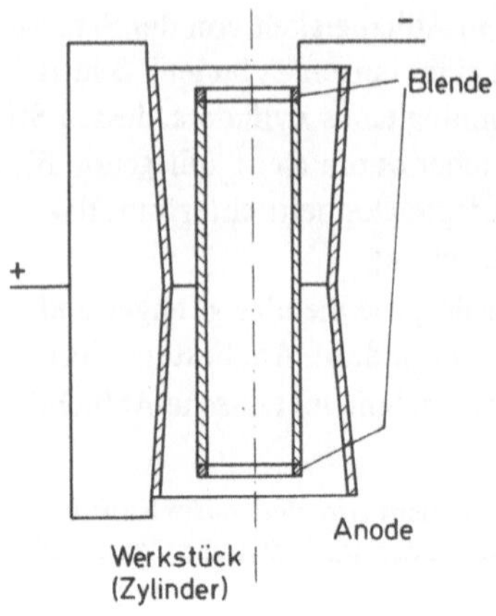

Bild II. 18

Außenverchromung eines langen Zylinders (nach *Arend* und *Dettner*)

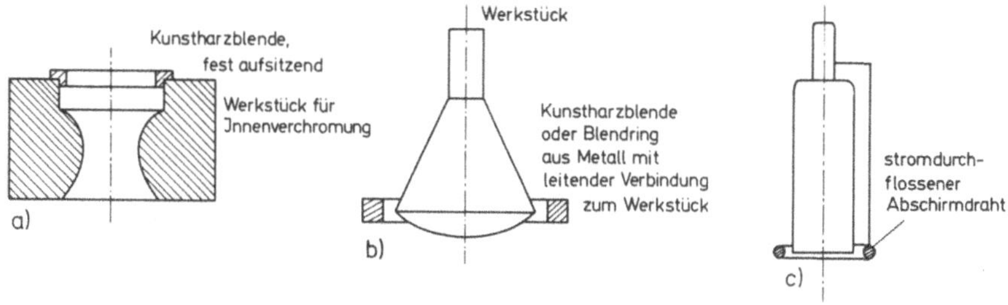

Bild II.19. Blendenanordnung beim Hartverchromen (nach *Arend* und *Dettner*)

a) Kombiniertes Stanz- und Ziehwerkzeug mit chromfreier Schneidkante

b) Blende zur Vermeidung von Knospenbildung an scharfen Kanten. Leitfähige Blenden auf Werkstückpotential schirmen besser ab als Kunstharzblenden.

c) Bolzen

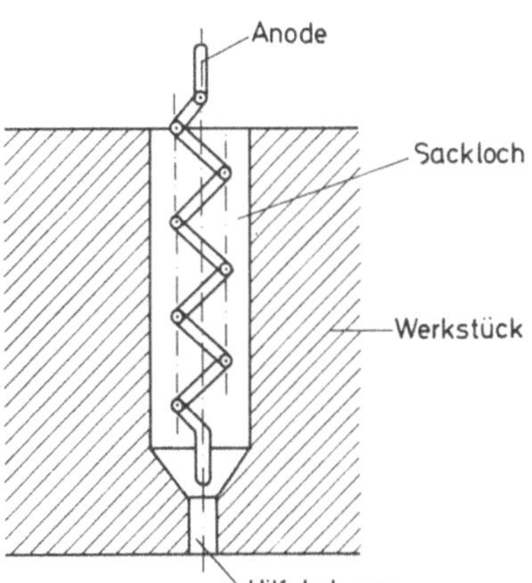

Bild II.20

Beispiel für eine Innenverchromung von Sacklöchern. Damit stets frischer Elektrolyt zuströmen kann, der gleichzeitig ein Festsetzen von Wasserstoffbläschen verhindert, muß bei der Innenverchromung von Sachlöchern eine Hilfsbohrung ausgeführt werden.

Bild II.20 zeigt als Beispiel eine Innenverchromung. Hierbei sind dadurch Grenzen gesetzt, daß die Anodenoberfläche mindestens das 1,5- bis 2-fache der Kathodenfläche betragen soll[1]).

---

[1]) **Bei zu kleiner Anodenfläche steigt der Gehalt an Cr^{3+} an, da die Oxydation zurück zu Cr^{6+} an der Anode nicht in gleichem Maße erfolgen kann. Bei zu hohem Gehalt an dreiwertigem Chrom wird der Niederschlag matt und spröde.**

Tabelle II.4: Fehler, Ursache und Fehlerbeseitigung beim Verchromen

Fehler	Ursache	Beseitigung
Dekorative Verchromung		
Matte, spröde, graue schwer polierbare Flecken	zu hohe Stromdichte, zu niedrige Temperatur	Stromdichte senken Temperatur erhöhen
	zu niedriger Gehalt an Schwefelsäure	Schwefelsäuregehalt richtig stellen
	zu hoher Gehalt an dreiwertigem Chrom	Bad mit relativ zur Kathodenfläche großer Anodenfläche durcharbeiten (vgl. Anm.[1]) S. 63)
	zu hoher Fremdmetallgehalt	Herkommen feststellen. Verunreinigung durch Einhängen der Ware unter Spannung vermeiden. Bad zur Hälfte erneuern
Milchig-weiße Flecken	Nickeluntergrund zu heiß poliert	Polierfehler vermeiden, überhitzte Stellen (nach Abkühlen) mit Wiener Kalk an fettfreier Scheibe „nachziehen".
	Nickelschicht passiviert	Nickelbad in Ordnung bringen; bis dahin in Lösung mit dreiwertigem Chrom voraktivieren
	zu niedrige Stromdichte, eventuell wegen schlechter Kontakte	Stromdichte richtig stellen, Kontakte säubern
	zu hohe Badtemperatur	Temperatur richtig stellen, Temperaturregelung überprüfen.
Brauner oder regenbogenfarbiger Niederschlag, keine oder nur geringe Abscheidung	Fremdsäuregehalt zu gering	Möglichst nach Analysenergebnis Fremdsäure zugeben.
Nachlassen der Streufähigkeit	zu hoher Schwefelsäuregehalt	mit Bariumcarbonat abstumpfen oder Chromsäure zugeben
	zu niedriger Chromsäuregehalt	Chromsäure zusetzen
	zu hoher Gehalt an dreiwertigem Chrom oder dreiwertigem Eisen	Mit großer Anodenfläche durcharbeiten Quelle der Eisenverunreinigung feststellen und beseitigen, Bad verdünnen und mit frischer Lösung ergänzen.
	Chromsäuregehalt zu hoch	Bad niedriger konzentriert ansetzen
Starke Rißbildung	zu hoher Schwefelsäuregehalt oder zu niedrige Temperatur	Schwefelsäuregehalt richtig stellen oder Temperatur erhöhen.

Fehler	Ursache	Beseitigung
Rauhe Niederschläge	Kupferverunreinigung	Quelle der Verunreinigung feststellen und beseitigen
	Bodenkörperaufwirbelung	Absitzen lassen
Absinken der Stromausbeute	Falsche Badeinstellung, falsche Betriebsdaten	Bad analytisch überprüfen, Betriebsdaten ändern (Temperatur und Stromdichte).
Hartverchromung:		
Niederschlag porig oder rauh	Fehler im Grundmaterial	Grundmaterial überprüfen
	falsches oder zu langes Aufrauhen	Aufrauhbad überprüfen
Wulst- oder Knospenbildung (Ausblüher) im Bereich hoher Stromdichten	zu niedrige Badtemperatur	Badtemperatur erhöhen
	zu scharfe Kanten	Kanten brechen oder Blenden ansetzen.
	zu tiefe Oberflächenriefen	Oberfläche durch mechanisches oder elektrolytisches Polieren glätten
zu unterschiedliche Schichtstärken	falsche Anodenanordnung	besonders bei profilierten Teilen Anoden richtig anordnen.
	zu hohe Übergangswiderstände der Anoden	Anoden sauber kratzen, Stromzuführungen kontrollieren.
	Teile zu dicht eingehängt	Zwischenräume vergrößern
Löcher oder Vertiefungen im Niederschlag	Grundmetall porös	verdichtende Oberflächenbearbeitung
	Bodensatz aufgewirbelt	Bodensatz entfernen
	Wasserstoffblasen können nicht entweichen	Werkstückaufhängung verändern, evtl. konstruktive Maßnahmen erforderlich
Schlechte Haftfestigkeit des Niederschlags	Entfettung oder Dekapierung nicht ausreichend	Entfettung überprüfen, besser aufrauhen
	Werkstück zu kalt ins Chrombad gebracht	Vorwärmen
	Stromunterbrechung	Kontakte überprüfen
	Alte Chrom- oder andere Metallschicht nicht restlos entfernt	alte Metallschicht restlos entfernen
	überhärteter Werkstoff	niedriger härten und in Ölbad nachlassen
Plötzlicher Anstieg des Eisengehalts im Bad	Wannenauskleidung beschädigt	Badinhalt ablassen, Auskleidung in Ordnung bringen

Fehler	Ursache	Beseitigung
	bei verbleiten Stahlanoden freie Stellen	Anoden untersuchen
Vorrichtung nimmt die erforderliche Stromstärke nicht an (besonders bei Innenverchromung).	Anodenquerschnitt zu gering	Anodenquerschnitt vergrößern
	Anodenabstand zu groß	Anodenabstand verkleinern
Starker Anstieg der Badspannung	Zu hoher Gehalt an dreiwertigem Chrom	Bad mit großer Anodenfläche durcharbeiten lassen
Beim Nachschleifen reißt der Niederschlag und blättert ab	Überhärtetes Grundmaterial	nach dem Härten bei 170 bis 200 °C anlassen
	Ungeeignetes Aufrauhen	Aufrauhbad prüfen, evtl. Methode ändern
	Werkstück zu kalt ins Chrombad	Vorwärmen
	Aussetzen der Heizung während der Verchromung oder sonstige Ursache einer Temperaturschwankung	Bei Aussetzen der Heizung Teile aus dem Bad nehmen Wasser nur nach Ende der Verchromung zusetzen

d) Verchromungsanlage und Einrichtungen

Anoden: Als Anoden werden legierte Bleianoden verwendet. Als Legierungzuschläge eignen sich Antimon, Tellur, Zinn und Silber. Blei-Telluranoden enthalten etwa 0,2 % Tellur, die übrigen Anoden können zwischen 2 und 12 % legiert sein.

Hartverchromungs-Formanoden können aus verbleiten Stahlformen bestehen. In Sonderfällen lassen sich Platinanoden einsetzen.

Zur dekorativen Verchromung eignen sich am besten Bleistreifen; sie sind der besseren Stromverteilung wegen Bleiplatten vorzuziehen. Sie dürfen nicht zu dünn sein, damit ihr elektrischer Widerstand ausreichend klein bleibt, und trotz hoher Stromstärken keine übermäßige Erwärmung auftritt.

Die Anoden sollen sich mit einer dünnen, gleichmäßigen, schokoladebraunen Bleiperoxidschicht bedecken. (An ihr wird das an der Kathode gebildete dreiwertige Chrom jeweils wieder zu sechswertigem Chrom oxydiert.) Fehlt die Oxidschicht, so bildet sich nicht leitendes Bleichromat. Dies entsteht auch, wenn die Anoden ständig auch außer Betrieb im Chrombad verbleiben.

Es läßt sich mechanisch oder durch kathodische Behandlung in einem alkalischen Pyrophosphatbad entfernen. Der Bleiperoxidfilm kann anodisch in verdünnter Schwefelsäure wiederhergestellt werden.

Anlagen: *Die Behälter* sind gewöhnlich aus Stahlblech gefertigt, das mit legiertem Blei oder einem chromsäurebeständigen Kunststoff[1]) überzogen ist. Bei einer Bleiauskleidung ist es zweckmäßig, den Boden und die Wände des Behälters mit Drahtglasplatten zur elektrischen Isolierung abzudecken.

Die Anoden- und Warenstangen können aus Kupfer bestehen; Chromsäure greift Kupfer nur langsam an.

Die Badheizung kann bei kleinen Bädern mittels Tauchsiedern mit Temperaturregelung betrieben werden; bei größeren Bädern ist eine indirekte Beheizung vorzuziehen. Hierfür wird der Badbehälter mit einem Öl- oder (meistens) Wassermantel umgeben, der die Heiz- und in vielen Fällen auch Kühlvorrichtung aufnimmt.

Chromsäure greift alle Metalle mehr oder weniger an. Im Chrombad befindliche Bleischlangen, die zur direkten Beheizung mit Heißdampf eingeführt werden, haben nur eine beschränkte Lebensdauer. Titanheizschlangen haben sich gut bewährt (vgl. II.2f).

Absaugvorrichtung. Die an Anode und Kathode entstehenden Sauerstoff- und Wasserstoffgase reißen Chromsäuretröpfchen mit in die Außenluft. Diese sind gesundheitsschädlich und korrodierend; daher müssen sie abgesaugt oder am Verlassen des Chrombades gehindert werden.

Bild II.21 zeigt den Absaugvorgang und einen Absaugrahmen, der auf den Chrombadbehälter gesetzt werden kann. Der Rahmen, die Absaugleitung und die mit Chromsäurenebel in Berührung kommenden Teile des Exhaustors können aus Chromsäurebeständigem Kunststoff bestehen. Bei einer Absauggeschwindigkeit von ca. 10 m/s kommt nur wenig Chromsäure in die Außenluft.

Die Chromsäureverluste durch Absaugen und Ausschleppen können außerordentlich hoch sein. Es empfiehlt sich, diese Verluste durch geeignete Maßnahmen zu verringern, wie: Bedecken der Flüssigkeitsoberfläche mit Plastikschwimmkörpern, die mechanisch Säurenebel zurückhalten; Bedecken mit einer flüssigen Deckschicht (z. B. „Chromprotekt" (Firmenname)), die praktisch keine Tröpfchen hindurchläßt, wenn sie ausreichend dick ist (2 cm); Bedecken mit einer Schaumschicht, die sich nach Auflösen oberflächenaktiver Badzusätze bildet. In den beiden letzten Fällen ist die Badnebelkonzentration im Außenraum ohne Absaugung geringer als mit Absaugung

---

[1]) Kunststoffolien werden aufgeklebt. Der Kunststoff muß auch beständig sein gegen auskristallisiertes Chromsäureanhydrid (CrO_3) bzw. auskristallisierte Chromsäure.

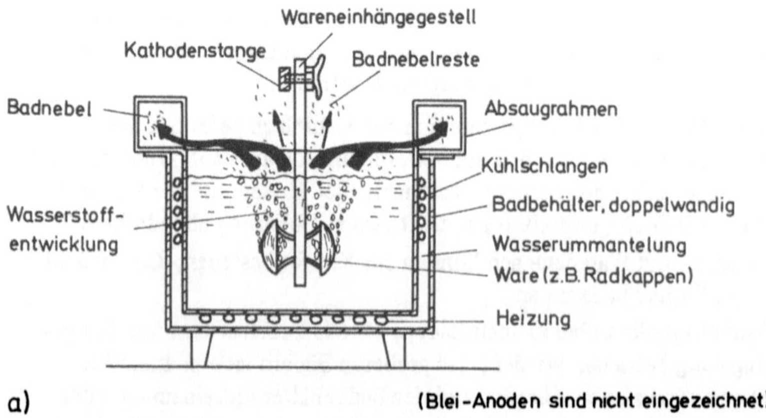

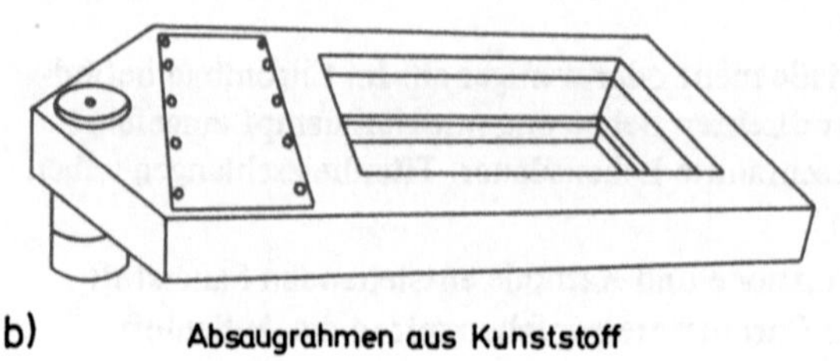

Bild II.21
Absaugeinrichtung
a) Schematische Darstellung des Absaugvorgangs
b) Absaugrahmen aus Kunststoff

und unbedecktem Chrombad. Erfahrungsgemäß lassen sich bei Anwendung von Abdeckschichten die Verluste durch Absaugung und Spülvorgang um etwa 70 % senken. Weitere Möglichkeiten werden im Abschnitt „Spülmethode" behandelt (III.B).

B. Weitere galvanische Verfahren

1. Verzinken

a) Elektrolyte zur Verzinkung

Zink kann aus sauren und alkalischen Elektrolyten abgeschieden werden. Der gebräuchlichste saure Elektrolyt ist das Sulfatbad. In geringerem Umfang werden Chlorid- und Fluoboratbäder eingesetzt. Perchlorat-, Sulfamat-, Fluorid- und Acetatelektrolyte haben nur geringe oder keine praktische Bedeutung erlangt.

Alkalische Elektrolyte sind bis jetzt vorwiegend cyanidisch. Es werden jedoch auch cyanidfreie, ungiftige Verzinkungsbäder auf Zinkat- oder Pyrophosphatbasis in zunehmendem Maße verwendet.

Man unterscheidet Matt-, Blank- und Glanzverzinkung, wobei letztere am meisten angewandt wird. Ein schwarzer Überzug wird aus dem Schwarzzinkelektrolyten abgeschieden. Zinkbäder mit Kupferzusatz heißen Weiß-Messingelektrolyte.

Wie schon beim cyanidischen Kupferbad hervorgehoben, zeichnet sich auch das cyanidische Zinkbad durch große Kathoden-Polarisation aus mit entsprechend guter Streufähigkeit. Es eignet sich also vor allem zur Verzinkung profilierter Werkstücke. Glatte Teile wie Bänder, Drähte, Bleche u. ä. werden in sauren Bädern verzinkt. Unter diesen besitzt das Kupferfluoboratbad eine gute Streufähigkeit, ist jedoch teurer.

Die Zinkschicht aus sauren Elektrolyten ist weitaus grobkristalliner[1]) als die aus cyanidischen Bädern. Alkalische, cyanidfreie Bäder zeigen ähnliche Streufähigkeit und Niederschlagseigenschaften wie die cyanidischen.

Saure Elektrolyte

Zinksulfatbad[2]):	Zinksulfat ($ZnSO_4 \cdot 7\,H_2O$)	300 g/l
	Natriumsulfat ($Na_2SO_4 \cdot 10\,H_2O$)	30 g/l
	Aluminiumsulfat ($Al_2(SO_4)_3 \cdot 18\,H_2O$)	42 g/l
	Borsäure (H_3BO_3)	25 g/l
	pH-Wert 3,5 ... 4,5; Stromdichte 1 ... 5 A/dm^2	
	Arbeitstemperatur 24. . .30 °C (Optimum für Glanz und Streufähigkeit)	
	Elektrolytbewegung: keine	
	Bei Elektrolyt- oder Warenbewegung sind höhere Stromdichten möglich.	
Zinkchloridbad:	Zinkchlorid ($ZnCl_2$)	75. . .150 g/l
	Natriumchlorid (NaCl)	75. . .150 g/l
	Natriumfluorid (NaF)	2. . .17 g/l
	Aluminiumchlorid ($AlCl_3 \cdot 6\,H_2O$)	1,5 g/l
	pH-Wert 4,8 ... 5,4; Stromdichte 1 ... 10 A/dm^2	
	Temperatur 18 ... 30 °C; Badbewegung	

[1]) Badzusätze wie Quecksilber, Chrom-, Aluminium- und Magnesiumsalze sowie organische Zusätze dienen der Verfeinerung der Kristallstruktur.

[2]) Zu allen angegebenen Badzusammensetzungen ist zu sagen, daß die Galvanik-Fachfirmen Bäder entwickeln, die andere Zusammensetzungen haben können meistens mit entsprechenden Vorteilen hinsichtlich der Betriebsbedingungen oder des Niederschlags selbst.

Zinkfluoboratbad:	Zinkfluoborat ($Zn(BF_4)_2$)	300 g/*l*
	Ammoniumchlorid (NH_4Cl)	27 g/*l*
	Ammoniumfluoborat (NH_4BF_4)	35 g/*l*
	Süßholzwurzelextrakt (Glycyrrhizin)	1 g/*l*
	pH-Wert 3,5 ... 4,0; Stromdichte bis etwa 100 A/dm²	
	Temperatur 55 °C; Badbewegung	

Sulfat- und Chloridbäder eignen sich auch für Glocken- und Trommelverzinkung. Der pH-Wert liegt dann über 5.

Außer den angegebenen Zusätzen können noch Sulfate und Chloride von Magnesium und Ammonium sowie als Puffer, Borsäure oder Acetate (Salze der Essigsäure) zugesetzt werden.

Zur Draht- und Bandverzinkung im Durchlaufverfahren können die Stromdichten erheblich gesteigert werden (bis 250 A/dm², maximal bis 400 A/dm²). Die anodische Stromausbeute kann 100 % infolge zusätzlicher chemischer Anodenauflösung übersteigen. Die damit verbundene pH-Werterhöhung wird durch periodische Schwefelsäurezugabe immer wieder rückgängig gemacht. Fluoboratbäder liefern sehr duktile, helle Niederschläge.

Alkalische Elektrolyte

Cyanidhaltige Elektrolyte:	Zinkcyanid ($Zn(CN)_2$)	60. . .90 g/*l*
	Natriumcyanid (NaCN)	23. . .50 g/*l*
	Natriumhydroxid (NaOH)	55. . .100 g/*l*
	pH-Wert über 12; Stromdichte 1 ... 12 $\frac{A}{dm^2}$	
	Raumtemperatur (maximal 30 °C)	

Für die Arbeitsweise des Elektrolyten ist der sogenannte „M-Faktor" von Bedeutung. Man versteht darunter das Verhältnis des Gesamtcyanids, ausgedrückt als Äquivalent-Natriumcyanidmenge, zum Zinkgehalt. Die Äquivalent-Natriumcyanidmenge umfaßt den Natriumcyanidgehalt und die dem Zinkcyanidgehalt entsprechende Natriumcyanidmenge, die dieselbe Menge an CN^--Ionen enthält. So entspricht 1 g $Zn(CN)_2$ 0,835 g NaCN.

$$M = \frac{\text{Gesamt-NaCN (Äquivalentmenge)}}{\text{Zn-Metallmenge}}$$

Beispiel:

Bei 90 g/*l* Zinkcyanid und 50 g/*l* Natriumcyanid ist:

NaCN-Äquivalent = 50 + 90 · 0,835 = 125,15
Zn-Menge = 65,4 · 90/117,4 = 54,8

$$M = \frac{125{,}15}{54{,}8} = 2{,}3$$

(Atomgewicht von Zink = 65,4; Molgewicht von Zinkcyanid = 117,4)

Für ruhende Bäder beträgt der M-Faktor 2 bis 3, bei bewegten Elektrolyten 2,5 bis 3,2, bei Glanzzinkbädern 2,7 bis 3,1.

Glänzende Zinkniederschläge werden abgeschieden, wenn dem cyanidischen Bad anorganische oder organische Zusätze[1]) zugefügt werden. Hierbei muß der M-Faktor konstant gehalten und Schwermetallverunreinigung ferngehalten werden. Daher werden Anoden aus Feinzink (99,99 % Zink) verwendet und Natriumsulfid oder Natriumpolysulfid (Schwefelleber) zugegeben, die einige Schwermetalle ausfällen können.

Zinkatbad (Patentiert):

Zinkoxid (ZnO)	20 g/*l*	Stromdichte	1 . . . 3 A/dm^2
Natriumhydoxid (NaOH)	160 g/*l*	Spannung	1,4 . . . 1,6 V
Gelatine	1,6 g/*l*	Temperatur	20 °C
Piperonal	0,6 g/*l*		
Triäthanolamin	25 g/*l*		
Hexamethylentetramin	40 g/*l*		
Molybdänoxid	4 g/*l*		
Fettalkoholsulfonat	2 g/*l*	(Netzmittel)	

Aus dem Zinkatbad lassen sich hochglänzende Zinkniederschläge abscheiden. Anstelle von Natriumhydroxid kann auch Kaliumhydroxid dienen.

Pyrophosphatbad:	Zinkpyrophosphat	75 g/*l*	pH-Wert	10...10,5
	Kaliumpyrophosphat	300 g/*l*	Stromdichte	1...3 A/dm^2
	Kaliumcitrat	15 g/*l*	Temperatur	55 °C

Alkalisch-cyanidfreie Verzinkung

Neben den klassischen alkalisch-cyanidischen und sauren Zinkbädern wurden vor einigen Jahren cyanidfreie, alkalische Elektrolyte bekannt und fanden besonders bei der Trommelglanzverzinkung Eingang in die Praxis. Da sie nur geringe Stromdichten zulassen, konnten sie bisher bei Gestellgalvanisierung die cyanidischen Bäder nicht ersetzen.

Bei praktischen Betriebsbedingungen ergeben sich kathodische Stromausbeuten von 85 bis 95 Prozent. Sie liegen somit höher als bei alkalisch-cyanidischer Verzinkung, so daß sich ein gewisser Ausgleich hinsichtlich der niedrigeren Stromdichte ergibt.

Die cyanidfreie, alkalische Verzinkung weist jedoch noch einen Nachteil auf; er ist abwassertechnischer Art und darf nicht außer Acht gelassen werden. Notwendigerweise muß der Elektrolyt zur Glanzverzinkung Komplexbildner

[1]) Wesentlich ist hierbei die Stabilität der Glanzbildner.

enthalten. Von deren Konzentration hängt es ab, wieweit das im Spülwasser enthaltene Zink bei der Neutralisation des Abwassers als Zinkhydroxid gefällt werden kann, um in dieser Form durch Schlammabscheidung aus dem Abwasser entfernt zu werden. Aus Gründen der Stabilität des Elektrolyten ist eine hohe Konzentration an Komplexbildner erwünscht. Bei den noch vertretbaren Konzentrationen verbrauchen sich die Glanzbildner ebenso wie in cyanidischen Bädern auch bei Arbeitsruhe.

Während der Zinkgehalt cyanidfreier, alkalischer Bäder 10 g/*l* nicht übersteigt, verhält sich der Gehalt an Natriumhydroxid zu Zink wie 9 : 1. Die Mikrokristallstruktur der Zinkabscheidung entspricht dem feldorientierten Texturtyp (FT-Typ).

Schwachsaure Glanzverzinkung

In neuerer Zeit haben sich schwachsaure Elektrolyte zur Verzinkung praktisch bewährt. Patentierte Zinkbäder enthalten Zinksalze verschiedener Art als Basis. Als Puffer [1]) werden Alkali- oder Ammoniumsalze, bevorzugt organischer Art verwendet wie z.B. Salze aliphatischer und aromatischer Mono- und Polycarbonsäuren.

Glanzbildung wird durch die Kombination verschiedener organischer Systeme erreicht. Als „Grundglanzbildner" dienen polymere Verbindungen (wie Polyalkohole, Polyamide, Polyglykoläther, Polyglykolester u.a.); den Spitzenglanz erzeugen organische Verbindungen wie z.B. aliphatische, aromatische oder hetrocyclische Carbonylverbindungen, wie sie auch in cyanidischen Bädern eingesetzt werden.

Optimale Abscheidungsbedingungen werden durch die richtige Wahl der Glanzbildner aus den beiden Gruppen erreicht. Hierbei spielen auch die Metall- und Leitsalzkonzentration, die Art und Menge des Puffers sowie die Betriebsbedingungen eine wesentliche Rolle.

Betriebsbedingungen:	pH-Wert	4...5,5
	Temperatur	15...25 °C
	Stromdichte	2...4 (max. 6) A/dm² für Gestellware mit Kathodenbewegung
		1...2 A/dm² für Gestellware ohne Kathodenbewegung
		0,4...1 A/dm² für Trommelverzinkung
	Spannung	5...12 V
Abscheidungsgeschwindigkeit:		0,8...1,2 µm/min für Gestellware mit Kathodenbewegung
		0,4...0,5 µm/min für Gestellware ohne Kathodenbewegung

[1]) Siehe Kap. I.A.2.

Kühlung: Bei Trommelbädern erforderlich (als Kühlschlangenmaterial eignet sich Titan)

Filtration: zweckmäßig

Aus schwachsauren Elektrolyten ohne Zusatz scheidet sich Zink im Basisreproduktionstyp (BR-Typ) ab, mit Glanzzusätzen bildet sich eine Mikrostruktur aus, die dem feldorientierten Textur-Typ (FT) entspricht oder eine Lamellenstruktur mit teilweiser Kristallisation nach dem unorientierten Dispersions-Typ (UD)[1]).

Vergleich der Verzinkungsbäder

Kathodische Stromausbeute: Bild II.22 zeigt das Verhalten der Stromausbeute in Abhängigkeit von der Stromdichte für Zinksulfat-, Zinkfluoborat-, schwachsaure, alkalisch-cyanidfreie und alkalisch-cyanidische Elektrolyte. Die Elektrolyte sind in der Reihenfolge abnehmender Stromausbeute genannt, wenn man die Arbeitsstromdichten zu grunde legt.

Kathodische Polarisation: Die kathodische Polarisation nimmt in umgekehrter Reihenfolge ab, wobei sich aus den klassisch sauren Elektrolyten Zink fast vollständig unpolarisiert abscheidet.

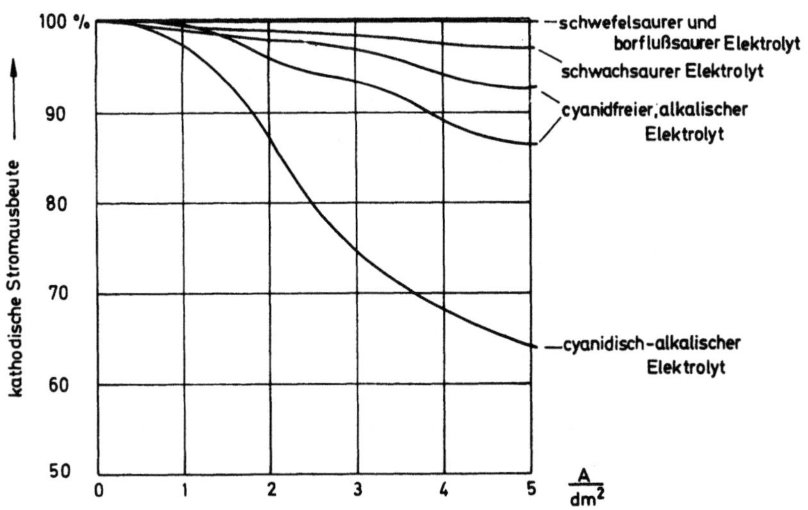

Bild II.22. Kathodischer Stromausbeutefaktor für das Verzinken in unterschiedlichen Elektrolyten in Abhängigkeit von der Stromdichte (nach *Immel*)

[1]) Siehe Kap. I.B.4.

Tiefenstreuung: Aus Hullzellenuntersuchungen [1]) ergibt sich, daß schwach saure Bäder bezüglich der Tiefenstreuung zwischen den klassisch sauren und den cyanidischen liegen (vgl. Bild II.23).

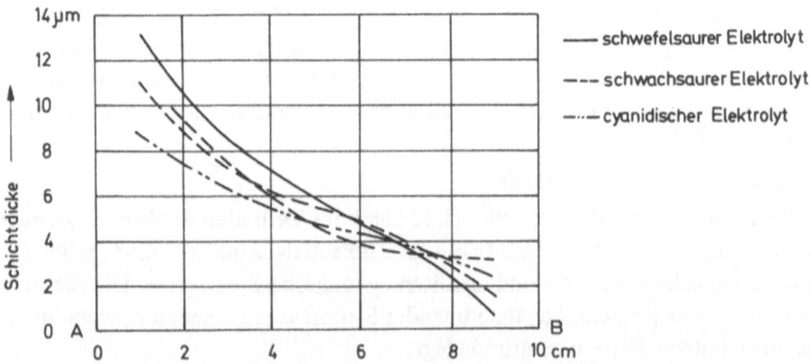

Bild II.23. Abfall der Schichtdicke des Zinkniederschlages auf einem Hull-Zellenprüfblech in schwefelsaurem, zwei unterschiedlichen schwachsauren und alkalisch-cyanidischem Elektrolyten (nach Untersuchungen von *Immel*).

b) Anoden

Meistens werden Walzzinkanoden mit einem Reinheitsgrad von 99,99 % verwendet. Für Mattverzinkung genügt auch ein geringerer Reinheitsgrad. Anstelle von Plattenanoden lassen sich auch Kugelanoden in Anodenkörben benutzen. Die Anodenoberfläche soll so groß sein wie die Warenoberfläche. Über Nacht oder bei Betriebsunterbrechung müssen die Anoden aus dem Bad genommen werden, da sie sich auch ohne Strom chemisch auflösen. Bei zu groß gewordener Zinkkonzentration im Elektrolyten, ist es üblich, die Zinkanoden zeitweise durch vernickelte Stahlanoden zu ersetzen. Zink- und Stahlanoden gleichzeitig einzusetzen ist unzweckmäßig, da sich dann u. U. Zink in verstärktem Maße löst (Elementbildung aus Zink und Nickel), und je nach Abstand zwischen Ware und Zinkanode unterschiedliche Schichtstärken abgeschieden werden.

Außer in Borfluoratbädern können Titantaschen verwendet werden.

Damit kein Anodenschlamm in das Bad gelangt, werden die Anoden wie üblich von Anodensäcken umhüllt.

c) Anlagen

Vorwiegend werden hartgummierte oder kunststoff-ausgekleidete Stahlblechbehälter verwendet. Nicht ausgekleidete Stahlbehälter lassen sich für alkalische

[1]) Siehe Kap. IV. A. 1.

Bäder einsetzen, wobei Drahtglasplatten stromleitende Berührung mit der Wanne verhindern. Wenn hohe Stromdichten angewandt werden, empfiehlt sich eine Warenbewegung oder Luftdurchwirbelung. (Letzteres für alkalische Bäder weniger geeignet.)

Zur Draht- und Bandverzinkung dienen lange Badbehälter, die meistens Zinksulfatelektrolyte enthalten. Drähte unter 1 Millimeter Durchmesser werden mit Geschwindigkeiten von 6 bis 25 m/min [1]), dickere Drähte mit weniger als 6 m/min durchgezogen. Die Stromdichten betragen für Drähte meistens 5 bis 50 A/dm^2, für Bänder 4 bis 20 A/dm^2 [1]). Die Arbeitstemperaturen liegen zwischen 40 und 50 °C.

Bei Glanzzinkbädern und großen cyanidischen Bädern ist eine Dunstabsaugung gewerbepolizeilich vorgeschrieben.

Eine Beheizung ist bei Raumtemperatur als Betriebstemperatur nicht erforderlich. Bei Bädern mit hohem Durchsatz und meistens bei Glocken- und Trommelbädern muß der Elektrolyt gekühlt werden.

Nur bei starker Belastung wie bei Draht- und Bandverzinkung muß kontinuierlich gefiltert werden, sonst genügt es, von Zeit zu Zeit den Bodensatz zu entfernen. Automatische Verzinkungsanlagen besitzen gewöhnlich eine Dauerfiltration.

d) Nachbehandlung

Soll eindiffundierter Wasserstoff wieder ausgetrieben werden, so werden die Werkstücke 30 Minuten in kochendes Wasser getaucht oder eine gewisse Zeit im Trockenschrank bei 120 °C belassen.

Alkalireste werden neutralisiert, wenn die Ware in 0,3 volumenprozentige Salpetersäure getaucht wird. Auf diese Behandlung folgt heute stets eine Chromatierung mit Hilfe einer Lösung, die sechswertiges Chrom enthält, wobei Sulfate, Halogenide (Chlor- oder Fluorverbindungen) oder Nitrate zugesetzt sein können. Die Chromatierlösung wird in Konzentrationen von 5 bis 50 g/*l* angesetzt. Beim pH-Wert 1,0 bis 1,5 entstehen farblose Schichten, bei 1,5 bis 2,5 gelbe und zwischen 2,5 und 3,5 olivgrüne. Zur Chromatierung dienen Kunststoffbehälter. Die Tauchzeiten liegen zwischen 5 und 60 Sekunden bei Raumtemperatur. Die Korrosionsbeständigkeit wird durch das Chromatieren um 25 % bis 50 % erhöht.

---

[1]) In USA gibt es Anlagen mit hohen Durchlaufgeschwindigkeiten bei Stromdichten bis zu 300 A/dm^2.

Tabelle II.5: Fehler, Ursache und Fehlerbeseitigung bei galvanischer Verzinkung

Fehler	Ursache	Beseitigung
Schwefelsaure Zinkelektrolyte		
Schwammige Niederschläge	Stromdichte zu gering	Stromdichte auf 1 bis 2 A/dm² erhöhen
	pH-Wert zu hoch	verdünnte Schwefelsäure zugeben
	Zinkgehalt zu niedrig	Zinksalz zugeben
	Fremdmetalle im Bad	Elektrolyt ganz oder teilweise neu ansetzen (nach Analyse)
blasige, schlecht haftende Niederschläge	pH-Wert zu hoch	pH-Wert auf mindestens 4,0 senken
	Entfettung oder Dekapierung unzureichend	Entfettung nachprüfen, kurz in verdünnter Säure dekapieren
An Stellen hoher Stromdichten angebrannte oder dunkle Niederschläge	Stromdichte zu hoch	Stromdichte senken (1...2 A/dm²)
	Elektrodenabstand zu gering	Abstand für alle Warenflächen zur Anode mindestens 10 cm halten
	Chloridgehalt zu hoch	Zink- und evtl. Aluminiumsalz zugeben
Schlechte Streuung	Temperatur zu gering	Temperatur erhöhen (max. 50 °C)
	zu wenig Leitsalz	Leitsalz zugeben
Sofortige Fleckenbildung	unsauberes Spülwasser	Wasserverbrauch erhöhen
	unsachgemäßes Beizen und Entfetten	Beiz- und Entfettungsverfahren ändern
Fleckenbildung nach dem Trocknen	zu langsame Trocknung	Rascher Trocknen (mit Erwärmen)
	verunreinigtes Spülwasser	sauberes Spülwasser verwenden
Porenbildung	falscher pH-Wert	pH-Wert richtig stellen
	Aluminium- oder Magnesiumsalze fehlen	betreffende Salze zufügen
Aus Glanzbädern matte Abscheidung	Glanzzusatz fehlt	Glanzzusätze auf vorgeschriebene Menge einstellen
	pH-Wert unrichtig	pH-Wert richtig stellen
	falsche Stromdichte	Stromdichte richtig einstellen
Cyanidische Zinkelektrolyte		
Blasenbildung schlechte Haftung	Entfettungs- oder Dekapierfehler	Vorbehandlung überprüfen
	Verunreinigungen, zu hohe Glanzmittelkonzentration	bei 8...10 A/dm² durcharbeiten
	zu hohe Stromdichte	Stromdichte senken (auf 2...3 A/dm²)

Fehler	Ursache	Beseitigung
	Ätznatrongehalt zu hoch	Elektrolyt verdünnen und Salzkonzentrationen richtig stellen
	(bei blanken Anoden) zu viel freies Cyanid	Zinkcyanid zugeben
Pulvriger Niederschlag	Zinkgehalt zu gering	Zinksalz zugeben
	Stromdichte zu hoch	Stromdichte senken (auf 1...3 A/dm^2)
Schwammige Niederschläge	Stromdichte zu gering	Stromdichte erhöhen (auf 2...3 A/dm^2)
	Fremdmetalle im Bad	elektrolytische Reinigung, Fällen von Blei und Cadmium mittels Schwefelleber, von Kupfer durch Zinkstaub
Spröde, brüchige Niederschläge, Versprödung der Werkstücke	Wasserstoffaufnahme des Niederschlags und des Grundmetalls	Cyan-Metallverhältnis richtig stellen, Stromdichte erniedrigen, Temperatur erhöhen (evtl. sauer verzinken)
Rauhe Niederschläge	Schwebestoffe im Bad	Elektrolyt filtrieren
	Carbonatgehalt zu hoch	Carbonat ausfrieren
Fleckenbildung zu Anfang	unsauberes Spülwasser	sauberes, fließendes Spülwasser verwenden
	Beiz-, Entfettungs- und Dekapierfehler	entsprechende Bäder prüfen
	Fremdmetalle im Bad (Kupfer, Blei, Cadmium, Arsen, Antimon, Zinn)	wie bei „Fremdmetalle im Bad“
Fleckenbildung nach der Trocknung	siehe bei „schwefelsaure Elektrolyte“	siehe bei „schwefelsaure Elektrolyte“
An Stellen hoher Stromdichte angebrannte oder dunkle Niederschläge	siehe bei „schwefelsaure Elektrolyte“	siehe bei „schwefelsaure Elektrolyte“
Aus Glanzbädern matte Abscheidung an Kanten und Ecken	Stromdichte zu hoch	Stromdichte vorschriftsmäßig einstellen
bzw. in Vertiefungen matt	Stromdichte zu gering	Stromdichte vorschriftsmäßig einstellen
bzw. allgemein matte Abscheidung	Glanzzusatz fehlt	Glanzzusatz auf vorgeschriebene Menge einstellen
	Metallgehalt zu hoch	Elektrolyt verdünnen und/oder Stahlanoden (vernickelt) einsetzen
	Cyanidgehalt zu gering	Natriumcyanid zugeben (Analyse)
	zuviel Glanzzusatz	nach Verdünnen Metallsalze zugeben oder Aktivkohlenreinigung

Fehler	Ursache	Beseitigung
Kein Glanz beim Chromatieren bei fehlerfreiem Elektrolyten	verbrauchte Chromatlösung	Chromatlösung ganz oder teilweise neu ansetzen
Kein Zinkniederschlag (bes. bei einsatzgehärteten Teilen)	freier Cyanidgehalt zu hoch	Zinksalz zugeben. (Bei Trommelverzinkung genügt es manchmal die Trommel hochzuziehen und wieder einzutauchen)
	zu lange gebeizt	kürzer Beizen
	Chromsäure im Bad	Zinkstaub zugeben
Cyanfreie, alkalische Zinkbäder		
Blasenbildung, Abblättern des Zinkniederschlags	Entfettungs- oder Dekapierfehler	Vorbehandlung überprüfen
	Verunreinigungen	bei 0,2. . .0,5 A/dm² durcharbeiten
Schwarzanlaufen nach langen Betriebspausen	Abbauprodukte im Bad	bei 0,5. . .1 A/dm² durcharbeiten
Starke Wasserstoffentwicklung	Zinkgehalt zu gering	Zinkgehalt einregulieren, evtl. Anoden über Nacht im Bad belassen
	Stromdichte zu hoch	Stromdichte senken
Schwammige und porige Abscheidung	Stromdichte zu hoch	Stromdichte senken
	Badzusätze zu gering	Badzusatzkonzentrationen erhöhen
Matte Abscheidung	Glanzzusatz zu gering	Glanzzusatz erhöhen
	Fremdmetallverunreinigung	bei 0,2. . .0,5 A/dm² durcharbeiten
	Badzusätze zu gering	Badzusätze erhöhen
Schlechte Streuung	Zinkgehalt zu hoch	Stahlanoden einsetzen
	Badzusätze zu gering	Badzusätze erhöhen
Anodenpassivität	zu niedriger Hydroxidgehalt	Hydroxid zusetzen
	Anodenfläche zu klein	Anodenfläche vergrößern (evtl. statt Platten- Kugelanoden)

2. Vercadmen

Anstelle des Verzinkens wird manchmal ein Überzug aus Cadmium vorgezogen. Cadmium ist korrosionsbeständiger als Zink bei Angriff durch Alkalien, destilliertes Wasser, feuchten Gips, Landluft, ammoniakhaltige und schwach essigsaure Atmosphäre, phenolhaltige Luft, Meerwasser, Kochsalznebel, neutrale Salze und nicht oxydierende Säuren. Ein besonderer Vorteil des Cadmiums stellt seine bessere Lötfähigkeit dar.

Zink zeigt eine bessere Korrosionsschutzwirkung in Industrieluft normaler Zusammensetzung, in chlorhaltiger und stark essigsaurer Luft.

In See- und Tropenklima, sowie bei Schwitzwassereinwirkung wird Cadmium für beständiger gehalten; diese Ansicht ist jedoch umstritten. Vercadmete Teile können wie verzinkte Ware nachbehandelt, also z. B. chromatiert werden.

Vorwiegend werden cyanidische Cadmiumbäder verwendet. Ein geeignetes, allgemein brauchbares Bad läßt sich ansetzen, in dem man Cadmiumcyanid oder Cadmiumoxid in Natriumcyanid löst.

Beispiel:

Cadmiumcyanid	$(Cd(CN)_2)$	37,5 g/*l*, darin	25,65 g/*l* Cadmium
Natriumcyanid	(NaCN)	97 g/*l*, davon	74,65 g/*l* freies NaCN
oder:			
Cadmiumoxid	(CdO)	29,25 g/*l*, darin	25,65 g/*l* Cadmium
Natriumcyanid	(NaCN)	119,25 g/*l*, davon	74,65 g/*l* freies NaCN
		und	43,85 g/*l* NaOH

Der Ätznatrongehalt ist nicht von Bedeutung außer bei glänzender Cadmiumabscheidung; hier soll seine Konzentration möglichst konstant gehalten werden. Freies Natriumcyanid sorgt für ausreichende Leitfähigkeit und ermöglicht die Auflösung der Anoden. Als günstiges Verhältnis gilt:

NaCN : Cd = 3,75 ± 0,4.

Bild II.24
Stahldrahtkorb mit Cadmium-Kugelanoden

Vorwiegend werden Kugelanoden in Stahldrahtkörben (Bild II.24) eingesetzt. Ihre Reinheit soll mindestens 99,9 % betragen, wobei als Verunreinigungen der Gehalt an Silber, Blei und Zinn zusammen 0,05 % und an Arsen, Antimon und Thallium 0,005 % nicht übersteigen darf. Ähnlich wie beim Verzinken können zeitweise auch Stahlanoden verwendet werden, wenn die Cadmiumkonzentration im Elektrolyten zu groß geworden ist.

3. Versilbern

a) Silberbäder

Silber wird zu vielen dekorativen Zwecken auf Gegenständen des täglichen Gebrauchs wie z. B. in der Besteckindustrie und für technische Zwecke der Elektroindustrie auf unedleren Grundmetallen abgeschieden.

Vorwiegend wird in Kalium-Silbercyanidbädern versilbert. Um die Haftfestigkeit der Silberschicht zu verbessern wird vor der eigentlichen Glanzversilberung oft in einem cyanidreichen Vorversilberungsbad vorversilbert. Der hohe Gehalt an freien Cyanid verhindert weitgehend einen ersten Silberniederschlag im chemischen Austauschverfahren, der sonst beim spannungslosen Eintauchen der Ware in den Elektrolyten sofort erfolgen würde[1]).

Vorversilberungselektrolyt:

Silbercyanid (AgCN)	4 g/l	in destilliertem oder vollentsalztem
Kaliumcyanid (KCN)	82 g/l	Wasser gelöst. (Erst Kaliumcyanid
Spannung 3 ... 4 Volt		dann darin Silbercyanid lösen).
Temperatur 15 ... 30 °C		
Zeit 30 ... 60 Sekunden		

Versilberungselektrolyt:

Silbercyanid (AgCN)	31 ... 41 g/l
Kaliumcyanid (KCN)	45 ... 65 g/l
davon freies KCN	30 ... 45 g/l
Kaliumcarbonat	30 ... 90 g/l
Glanzbildner und Netzmittel nach Vorschrift	
Stromdichte	0,5 ... 3,5 A/dm^2
Spannung	1 ... 10 V
Temperatur	18 ... 30 °C
anodische Stromdichte	0,5 ... 1,5 A/dm^2

Als Behälter dienen kunststoffausgekleidete Stahlbehälter, für Massenteile Kunststofftrommeln; Werkstückbewegung, Dunstabsaugung und (bei hoher Belastung) Dauerfiltration sind empfehlenswert.

Als Anoden werden meistens Feinsilberanoden (Degussa 1000) in Streifenform von mindestens 2 Millimeter Stärke verwendet, wobei die Anodenfläche etwa ebenso groß ist wie die Werkstückoberfläche.

b) Besteckversilberung

Während für alle anderen galvanischen Abscheidungen die Schichtdicke von Bedeutung ist, wird bei der Besteckversilberung die Silberauflage in Gramm für eine bestimmte Anzahl gleichartiger Besteckteile angegeben. Am gebräuchlichsten ist eine Neunziger-Versilberung, d. h. je 90 Gramm Silber werden

---

1) Metallschichten, die im chemischen Austauschverfahren dadurch abgeschieden werden, daß das Grundmetall in Lösung geht, während sich das edlere Metall aus dem Elektrolyten heraus niederschlägt, besitzen eine schlechtere Haftfestigkeit als galvanisch erzeugte Schichten. Beim Eintauchen unter Spannung setzt sofort galvanisches Abscheiden ein.

abgeschieden auf: 24 Eßlöffeln; 24 Eßgabeln; 36 Dessertlöffeln; 36 Dessertgabeln; 60 (kleinen) Kaffeelöffeln; 60 Dessertmessern; 36 Fischbestecken usw.

Die durch den Strom I in einer Stunde abgeschiedene Silbermenge m beträgt fast genau: $m = 4 \cdot I$ Gramm. Die in 15 Minuten abgeschiedene Menge in Gramm ist daher praktisch zahlengleich dem durch den Elektrolyten fließenden Gesamtstrom.

In atmosphärischer Luft laufen Silberschichten an, wobei sich ein dunkelbrauner Sulfidfilm bildet. Durch Chromatieren wird das Anlaufen weitgehend behindert. Ein harter, abriebfester, anlaufbeständiger Überzug, der die Chromatierung übertrifft, ist Rhodium, das aus sauren und alkalischen Rhodiumbädern auf der Silberschicht abgeschieden werden kann.

C. Korrosionsschutz von Stahl durch galvanische Überzüge

DIN 50960 (Beiblatt) bringt eine Übersicht über das Verhalten galvanischer Überzüge auf Stahl bei verschiedenen Klimabeanspruchungen (nach DIN 50010). Man findet eine Beurteilung, welche Überzüge unter gegebenen Klimabedingungen zweckmäßig sind. In besonderem Maße ist zu beachten, inwieweit Kontaktelemente (Lokalelemente) gebildet werden können, die zur Korrosion Anlaß geben. Berühren sich verschiedene Metalle, so geht im Falle einer Kontaktelementbildung das unedlere Metall in Lösung. Hierbei sind folgende Faktoren für das Korrodieren geschwindigkeitsbestimmend: die Spannungsdifferenz, die Befeuchtung und Art des Elektrolyten, die Größenverhältnisse der Flächen (Polarisationsmöglichkeiten), eine eventuelle Deck- bzw. Schutzschichtbildung (Passivierung), die jahreszeitlich unterschiedlich sein kann, und Ablagerungen (Staub, usw.).

1. Angriffsbedingungen in verschiedenen Atmosphären

Innenraumklima. Ein merklicher Korrosionsangriff erfolgt erst oberhalb einer kritischen relativen Feuchte von 60 bis 70 %, er wird maximal bei Schwitzwasserbildung. In gewarteten Innenräumen ist nur zeitweise mit Schwitzwassereinwirkung zu rechnen („leichte Schwitzwassereinwirkung"). In nicht gewarteten Innenräumen (Kellerräume, ungeheizte Lagerräume u.ä.) kann sich über längere Zeiten Schwitzwasser bilden. Staub, Gase (wie Schwefeldioxid, Schwefelwasserstoff, Ammoniak), niedere Fettsäuren (aus Holz oder bestimmten Chemiewerkstoffen) und die unmittelbare Berührung mit Holz, Papier, Mauerwerk, Gummi und gewissen Kunststoffen sowie Handschweiß fördern die Korrosion erheblich.

Freiluft- und Außenklima. Zu dem verstärkten, korrosionsfördernden Einfluß der Atmosphäre kommen hier die Niederschläge hinzu, die mehr oder weniger durch Staub und Chemiekalien verunreinigt sind. Auch die Ultraviolett- und Wärmestrahlung wirkt sich aus.

Niederschläge begünstigen auf der einen Seite die Korrosion, indem sie für die Kontaktelementbildung den Elektrolyten liefern, andererseits spülen sie aber auch Staubablagerungen ab und waschen korrosionsbeschleunigende Stoffe aus. Staub vermindert die Haltbarkeit vieler Überzüge, wozu auch Kupfer-Nickel-Chrom- bzw. Nickel-Chrom-Überzüge gehören.

Industrieluft und in etwas geringerem Maße auch Stadtluft enthalten Schwefelverbindungen, vorwiegend Schwefeldioxid, sowie Kohlendioxid, die zusammen mit den Niederschlägen Säuren bilden. Ammoniak in der Atmosphäre bildet mit Schwefelsäure Ammoniumsulfat. Staub wirkt zusätzlich korrosionsfördernd, da er die Feuchtigkeit zurückhält und elektrochemisch wirkt, soweit er elektrisch leitende Bestandteile enthält wie Ruß oder Metallteilchen.

In Meeresluft wird die Korrosion durch den Salzgehalt und die hohe relative Feuchte in der Atmosphäre gefördert. Bei landeinwärts gerichtetem Wind kann der Meersalzgehalt noch in 60 km (maximal in 200 km) Entfernung nachgewiesen werden. Schiffe sind dem schweren Angriff durch direkte Meerwasserspritzer ausgesetzt. In den Laderäumen bedeutet Schwitzwasser zusammen mit der salzhaltigen Luft eine schwere Belastung für die Korrosionsbeständigkeit.

In Landluft beschränkt sich der Korrosionsangriff mehr oder weniger auf die Wirkung der Niederschläge und des Schwitzwassers.

Geräteinnenklima. Ein Geräteinnenklima kann von den außerhalb herrschenden Bedingungen abweichen. Die Temperatur kann höher sein oder stärker schwanken. Flüchtige Verbindungen aus organischen Stoffen bzw. Chemiewerkstoffen (wie Salzsäuredämpfe, Essigsäuredämpfe, Phenol, Formaldehyd, Ammoniak, Amine) sowie Ozon und Nitrate verstärken zusammen mit Schwitzwasser die Korrosion. Schimmel fördert durch seine Stoffwechselprodukte ebenfalls die Korrosion.

2. Verhalten verschiedener metallischer Überzüge in der Außenatmosphäre in Mittel- und Westeuropa

a) Überzüge aus Kupfer und Messing

Kupfer läuft in Innen- und Außenatmosphären leicht an. Es ist edler als Stahl, so daß Poren zu Kontaktelementbildung Anlaß geben, bei der das Eisen in Lösung geht (Lochfraß). Kupferüberzüge sind daher als alleiniger Schutzüberzug kaum gebräuchlich.

Messingüberzüge sind anlaufbeständiger, werden aber auch durch Feuchtigkeit unansehnlich. Schwefelverbindungen und Ammoniak greifen Messing an. Kupfer- und Messingüberzüge werden meistens mit farblosem Lack überzogen. Eine Glanznickelzwischenschicht erhöht die Beständigkeit.

b) Nickelüberzüge

Nickelüberzüge mit Schichtdicken von über 8 bis 10 μm weisen kaum noch Poren auf und lassen sich fehlerfrei abscheiden. Durch Schwefelverbindungen kann Nickel lochfraßähnlich angegriffen werden. Bei Gefährdung durch Schwitzwasser oder für Überzüge von Werkstücken, die der Außenatmosphäre ausgesetzt sind (z. B. Automobilteile), wird das Nickel durch Chromauflage geschützt. Man verwendet Kupfer-Nickel-Chrom-Überzüge oder besser mehrlagige Nickelschichten mit Chromüberzug. Die untere Nickelschicht soll duktil sein und möglichst wenig Schwefel enthalten (weniger als 0,002 %). Sie stellt eine Halbglanznickelschicht dar, die elektrochemisch edler ist als die darüberliegende zweite Hochglanznickelschicht. Die zweite Schicht wird dünner gehalten als die erste. Ein teilweiser Ersatz der ersten Nickelschicht durch Kupfer ist nicht zu empfehlen, da nach Durchbruch der Nickelschicht örtlich eine rasche Korrosion einsetzt. Die Dicke der Halbglanznickelschicht bestimmt den Korrosionsschutzwert. Je nach den besonderen Bedingungen und der Pflege können mehrlagige Nickelschichten zwei bis drei Jahre beständig sein.

c) Chromüberzüge

Von Hartchromschichten abgesehen, die als dicke Schichten direkt auf Stahl abgeschieden werden, dienen dünne Glanzchromschichten dem Korrosions- und Anlaufschutz von Nickelschichten, die als Kupfer-Nickel- oder als Doppel- bzw. Dreifachnickel vorwiegend auf Stahl abgeschieden werden. Die Glanzchromschichtdicken liegen zwischen 0,25 und etwa 2,5 μm. Chromschichten sind spröde und neigen zur Rißbildung. Selbst wenn das Chrom rißfrei abgeschieden wird, ist doch damit zu rechnen, daß sich durch Montagespannungen oder den Aufschlag feiner Quarzkörner (bei Automobilteilen) unkontrolliert Risse bilden. Dabei entsteht ein Lokalelement Chrom/Nickel, bei dem Nickel die Anode bildet und in Lösung geht. Die Korrosion wird stark verlangsamt, wenn man mikrorissiges Chrom abscheidet, gewöhnlich in zwei aufeinander folgenden Schichten als sogenannte Doppelchromschicht. Die Rißzahlen erreichen bis zu 700 Risse je Zentimeter in beliebiger Richtung gemessen. Die gleiche Wirkung hat mikroporiges Chrom.

d) Zinküberzüge

Zink wird in großem Umfang zum Schutz von Stahl aufgebracht. Es ist unedler als Eisen, geht also bei Lokalelementbildung in Lösung und deckt dadurch Poren und Risse zu, wenn nicht zu große Defektflächen vorliegen.
Bis zu einem gewissen Grad vermag Zink eine Fernschutzwirkung auszuüben.

Galvanische Überzüge aus cyanidischen Bädern geben einen etwas besseren Schutz als solche aus sauren Bädern. Glanzzinküberzüge sind beständiger als Mattzinkschichten. Geringe metallische Verunreinigungen in der Schicht haben wenig Einfluß auf das Korrosionsverhalten. Die jeweilige Bildung und Zerstörung von schützenden Deckschichten aus Zinkoxid oder basischem Zinkkarbonat bestimmt die Lebensdauer der Schicht. Bei rein atmosphärischer Korrosion ist die Lebensdauer proportional der Schichtdicke.
In Innenräumen mit normaler Atmosphäre sind Zinküberzüge beständig.
Bei hoher Luftfeuchte und Gegenwart aggressiver Gase wie Dämpfe von Salzsäure, Essigsäure oder anderer Säuren oder Schwefeldioxid sollte Zink als Schutzüberzug nicht verwendet werden. Bildet sich Schwitzwasser, so entsteht auf Zink sogenannter Weißrost, ein Belag weißer Korrosionsprodukte, der vor allem bei mangelnder Belüftung (wie in Schiffsladeräumen) zur raschen Zerstörung der Zinkauflage führt. Gute Belüftung und vor allem ein zusätzlicher Schutz der Zinkschicht durch Gelb- oder Olivchromatierung verzögert die Korrosion merklich.
In Industrie- und Stadtluft wird Zink durch die Verunreinigungen an Schwefeldioxid im Zusammenwirken mit Niederschlägen relativ rasch korrodiert. Besonders konzentrierte Rauchgase greifen stark an; hier bietet auch das Chromatieren keinen ausreichenden Schutz. Wird die Zinkauflage einer Industrieatmosphäre ausgesetzt, so sollte sie ihrerseits durch einen Anstrich geschützt werden.
In Meeresklima verstärkt die direkte Berührung mit Meerwasser die Korrosion. Chromatieren schafft eine deutlich merkbare Verbesserung. In Geräteinnenklima wirken besonders Essigsäure und Formaldehyd als Spaltprodukte von Chemiewerkstoffen stark korrodierend. Phenol und Ammoniak, das ebenfalls entstehen kann, greifen weniger stark an. In jedem Fall ist die Mitwirkung hoher Luftfeuchte zur Korrosionsbeschleunigung erforderlich. Zinkauflagen müssen vor feuchtem Gips geschützt werden.

e) Cadmiumüberzüge

Das dem Zink chemisch verwandt Cadmium zeigt ähnliche Züge im Korrosionsverhalten. Ein Cadmiumüberzug hat eine schöne helle Farbe. Chassisteile elektrischer Geräte werden gerne vercadmet wegen besserer Lötbarkeit des Cadmiums im Vergleich mit Zink.

In normaler Innenatmosphäre behalten Cadmiumüberzüge ihre silberhelle Farbe nahzu unbeschränkt lange.

Da Zinküberzüge billiger hergestellt werden als Cadmiumschichten, ist eine Gegenüberstellung von Interesse.

Tabelle II.6: Gegenüberstellung des Korrosionsverhaltens von Cadmium- und Zinküberzügen gleicher Schichtdicke

Beanspruchung	Cadmiumüberzug	Zinküberzug
Normale Innenatmosphäre	völlig beständig	völlig beständig
Leichtes Schwitzwasser	beständig	Aussehen wird schlechter
Schweres Schwitzwasser	merklicher Angriff, dunkle Flecken	rasche Zerstörung, lockerer, weißer Belag
	Gelbchromatiertes Cadmium zeigt befriedigende Beständigkeit	Gelb- bis olivchromatiertes Zink ist befriedigend beständig
Industrieluft (SO_2-haltig)	nicht beständig Chromatierung verzögert nur im Anfangsstadium die Korrosion	besser als Cadmium
Meerwasserangriff	Cadmium besser als Zink	Chromatiertes Zink etwa gleichwertig dem nicht chromatierten Cadmium
	Chromatiertes Cadmium zeigt nur anfangs besseres Korrosionsverhalten als nicht chromatiertes Cadmium	
Geräteinnenklima allgemein	Cadmium besser als Zink oder chromatiertes Zink	
geringe Essigsäurekonzentration	Cadmium besser als Zink	
hohe Essigsäurekonzentration	Cadmium nicht beständig	Zink besser als Cadmium
Normale Außenluft	Cadmium etwa gleichwertig gelbchromatiertem Zink	
	Vercadmete Schrauben nach Korrosionsbeanspruchung leichter lösbar als verzinkte.	

Durch Chromatierung wird bei Cadmium und bei Zink außer den sonstigen Vorteilen auch die Griffestigkeit verbessert.

f) Zinnüberzüge

In Innenatmosphären zeigen Zinnüberzüge eine hervorragende Korrosionsfestigkeit. Aussehen und Lötbarkeit bleiben lange Zeit erhalten. In Außenatmosphären tritt Korrosion an den Poren ein; Zinnüberzüge von weniger als 10 μm Dicke haben nur kurze Lebenszeit. Porenfreie Zinnschichten in Dicken über 20 μm bieten einen lang andauernden Schutz. In Geräteinnenatmosphären sind porenfreie Schichten beständig. Meerwasser greift Zinnschichten an; sie bieten keinen ausreichenden Schutz.

D. Galvanisieren von Kunststoffen

In zunehmenden Maße treten metallisierte Kunststoffteile an die Stelle von Metallteilen; z. B. im Automobilbau und bei elektrischen Geräten usw. Vorteile des Kunststoffs sind:

Geringes Gewicht, leichte Formgebung, Korrosionsunempfindlichkeit, Oberflächenhärte, größere Steifigkeit, schwingungsdämpfende Eigenschaft.

Ein metallischer Überzug bewirkt:

einen dekorativen Effekt, Verbesserung der Abrieb- und Verschleißfestigkeit sowie der Zug-, Schlag- und Biegefestigkeit, weitgehende Verminderung der Durchlässigkeit für Flüssigkeiten und Gase, Verlangsamung des Alterns durch äußere Einwirkungen, Verbesserung der Maßhaltigkeit bei Hitzeeinwirkung infolge besserer Wärmeleitfähigkeit, Verhinderung einer elektrostatischen Aufladung des Kunststoffes u. a. m.

Dekorative Metallüberzüge werden schon seit langem nach dem Vakuumbedampfungsverfahren hergestellt. Die galvanische Metallbeschichtung setzte im größerem Umfang erst ein, nachdem mit den ABS-Kunststoffen ein Material auf den Markt kam, auf dem der Niederschlag gut haftet. ABS ist die Abkürzung von Acrylnitril-Butadien-Styrol. Die Haftfestigkeit auf ABS-Pfropfpolymerisaten ist 10 bis 100 mal besser als auf anderen Kunststoffen (wozu auch ABS-Mischpolymerisate gehören).

Neuerdings läßt sich auch Polypropylen galvanisieren. Die Haftfestigkeit steht der auf ABS-Pfropfpolymerisaten wenig nach. Bei thermischer Beanspruchung verhält sich metallisiertes Polypropylen günstiger als ABS-Kunststoff. Die dekorative Wirkung galvanisierter ABS-Kunststoffe ist jedoch noch merklich besser.

ABS-Kunststoffe besitzen Äthylenbindung (C_2H_4), Polypropylen enthält Methanbindung (CH_4). Polypropylen erfordert eine schwierigere Vorbehandlung.

1. Aufbau der ABS-Pfropfpolymerisate

Acrylnitril-Butadien-Styrol-Polymerisat stellt einen Zweiphasenkunststoff dar, der aus einer steifen, harten und einer duktilen, dehnbaren Komponente besteht. Der kautschukelastische Anteil ist das Butadien. Die Polymerisationstechnik konnte so verbessert werden, daß das Butadien submikroskopisch fein suspendiert in das Styrol-Acrynitril-Gerüst eingebaut wird.

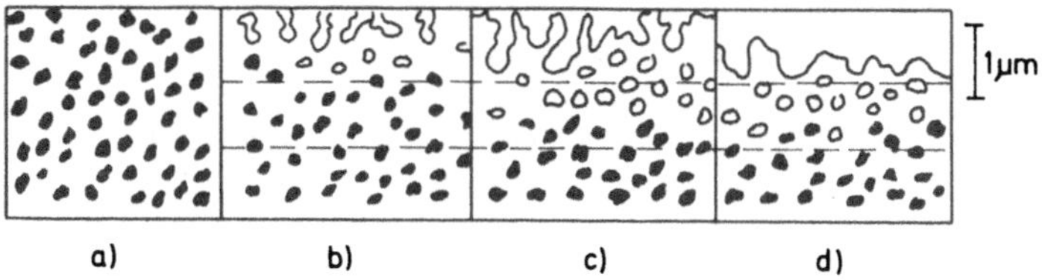

Bild II.25. Beizen von ABS-Kunststoffen (nach *Wienbuch* und *Zahn*) a) nicht gebeizt, b) Beizzeit 5 Minuten, c) Beizzeit 10 Minuten, d) überbeizt (ca. 30 Minuten)

Beim Beizen wird das Butadien zerstört, so daß an der Oberfläche eine Vielzahl feinster, kugeliger Vertiefungen auftritt, in denen das Niederschlagsmetall „druckknopfartig" verankert wird (vgl. Bild II.25). Während andere Kunststoffe lediglich mit Metall „ummantelt" werden können, ist also bei ABS-Pfropfpolymerisaten ein „Verbund" möglich.

Einige mechanische Eigenschaftsdaten:

Spezifisches Gewicht:	$\gamma < 1$ p/cm^3
Elastizitätsmodul:	E = 22 000 kp/cm^2 (aus Biegeversuch)
Grenzbiegespannung:	σ = 800...900 kp/cm^2
Kugeldruckhärte:	H = 1 000...1 100 kp/cm^2 (10″)
thermischer Ausdehnungskoeffizient:	$\beta = (8...11) \cdot 10^{-5} \frac{1}{\text{Grad}}$ (Zum Vergleich: $\beta_{\text{Kupfer}} = 1{,}7 \cdot 10^{-5}$)

Name und Hersteller von ABS-Kunststoffen (nicht vollständig):

Bexan	BX Plastics Ltd., Lawford Place Manningtree, Essex/England
Cycolac EP 3510	Marbon Chemicals Division of Borg Warner Ltd. Vertretung in Deutschland: S. Goldmann & Co., 48 Bielefeld, Lessingstraße 27
Lacqran	Aquitaine Plastiques, Vertretung in Deutschland: Aquitania Kunststoffe, 4 Düsseldorf, Graf-Adolf-Straße 86–88

Lorkaril	Ets. Kuhlmann, 25 Boulevard De l'Admiral, Bruix, Paris 16e
Lustran	Monsanto Chemical Company, St. Louis / USA Vertretung in Deutschland: W. Köhnk, 2 Hamburg 1, An der Alster 5
Novodur PM 2 C	Farbenfabriken BAYER AG, 509 Leverkusen
Polysar ABS 510	Polysar International S. A., Fribourg/Schw. Vertretung in Deutschland: Otto Krahn, 2 Hamburg 11, Grimm 10
Sicoflex	Mazzucchelli Celluloide s. p. a. Castiglione Olona (Varese) / Italien Vertretung in Deutschland: Sic-Plastics GmbH, 8 München, Dachauer Straße 4
Terluran 876 0 Galvano (früher: KR 2540)	Badische Anilin- und Sodafabrik, BASF–AG, 67 Ludwigshafen/Rhein

2. Einfluß der Spritzgußverarbeitung auf die Galvanisierung

Die Herstellung der ABS-Spritzlinge beeinflußt die Haftfestigkeit des Metallniederschlags sehr stark. Folgendes ist zu beachten:

1. Das Werkzeug muß aus porenfreiem Stahl bestehen und hochglanzpoliert sein; Polieren der Spritzlinge sollte nicht mehr erforderlich sein. Das Werkzeug wird aufgeheizt und soll mit Heizkanälen versehen sein.
2. Jede Art von Verunreinigung der Oberfläche muß vermieden werden; d.h. Formtrennmittel (wie Siliconöle, Metallstearate usw.) dürfen nicht verwendet werden. (Selbst Siliconsprühnebel benachbarter Maschinen können gefährlich sein). Die Spritzlinge dürfen nicht mit bloßer Hand berührt werden (Baumwollhandschuhe !).

   Wenn Formtrennmittel nicht vermeidbar sind, so dürfen diese an der Oberfläche keine Schlieren bilden und müssen sich in neutralen Entfettungsbädern entfernen lassen.

   Es ist empfehlenswert die abgekühlten Teile sofort staubsicher (z. B. in Polyäthylenbeuteln) zu verpacken und beim Transport vor gegenseitigem Reiben zu bewahren.
3. Verunreinigungen im Material müssen vermieden werden. Feuchtes Spritzgut muß vor der Verarbeitung getrocknet werden. Feuchtigkeitsrückstände können Schlieren und Bläschen verursachen. Hierdurch wird nicht nur der Oberflächenglanz beeinträchtigt sondern auch die Haftfestigkeit des galvanischen Niederschlags.

   Für Spritzgut, das galvanisiert werden soll, dürfen keine Angüsse oder unbrauchbare Spritzlinge verarbeitet werden. Auf keinen Fall darf bereits erkaltetes oder verbranntes Material eingeschleppt werden.

4. Bei der Verarbeitung beeinflussen die Massetemperatur, die Werkzeugtemperatur, die Einspritzgeschwindigkeit und der Nachdruck die Oberflächengüte und damit die Galvanisierung und die Haftung der Schicht.

Zur Verarbeitung werden Schneckenspritzgußmaschinen bevorzugt; aber auch andere Maschinen herkömmlicher Bauart können verwendet werden. Die maximale Spritzleistung soll nur bis zu etwa 70 Prozent ausgenutzt werden.

Die Massetemperatur liegt bei 240 °C; oberhalb dieser Temperatur und unterhalb 185 °C nimmt die Kerbschlagzähigkeit ab. Die Temperatur wird zweckmäßig z. B. mittels Pyrometer überwacht.

Die Werkzeugtemperatur soll zwischen 70 und 80 °C liegen; höhere und tiefere Temperaturen verursachen niedrigere Haftfestigkeiten. Anstelle der schwierig zu messenden Werkzeugtemperatur kann die Kühlmitteltemperatur am Auslauf als indirektes Maß herangezogen werden; sie soll ca. 50 °C betragen.

Die Einspritzgeschwindigkeit beeinflußt als weiterer Faktor die Ausbildung innerer Spannungszonen. Prinzipiell verringern sich innere Spannungen, wenn die Einspritzgeschwindigkeit niedriger gehalten wird. Bild II.26 veranschaulicht dieses Verhalten. Als Abszisse ist die Massetemperatur aufgetragen, als Ordinate die Haftfestigkeit gemessen als die Kraft, die erforderlich ist, um einen Streifen von 25 mm Breite der galvanisch aufgebrachten Schicht abzuziehen; als Parameter dient die Einspritzdauer. Gleiches Verhalten zeigen extrudierte Platten.

Bei Maschinen ohne Verstellmöglichkeit der Einspritzdauer läßt sich eventuell ein Durchflußregelventil am Ausgang einbauen. Der Einspritzdruck soll möglichst klein sein, wobei sich jedoch möglichst keine Fließnaht bilden darf. Läßt man den Nachdruck abklingen, so werden innere Spannungen geringer ausfallen. Wie Bild II.25 zeigt, beträgt die Beiztiefenwirkung für eine optimale Haftfestigkeit maximal rund 1 μm. Die Ausbildung dieser erwünschten Beizvertiefungen hängt, von Oberflächenverunreinigungen abgesehen, vom Gefüge der Oberflächenhaut des Spritzlings ab.

Die Absolutwerte der Haftfestigkeit (Bild II.26) hängen von der Dicke der galvanisch aufgebrachten Metallschicht ab. Die Abzugskraft wächst linear mit der Schichtdicke wie Bild II.27 zeigt. Da jedoch die Haftfestigkeit nicht von der Schichtstärke abhängen kann, besagt dieser Befund, daß zusätzlich zur Haftfestigkeit die Kraft zur Verformung der Metallschicht beim Abziehen mitgemessen wird. Die genaue Untersuchung der Unterseite des abgezogenen Films zeigt, daß sich dort Kunststoff befindet. Der Verbund Metall/Kunststoff ist besser als der Verbund Kunststoffoberflächenschicht/Kunststoffgrundmaterial.

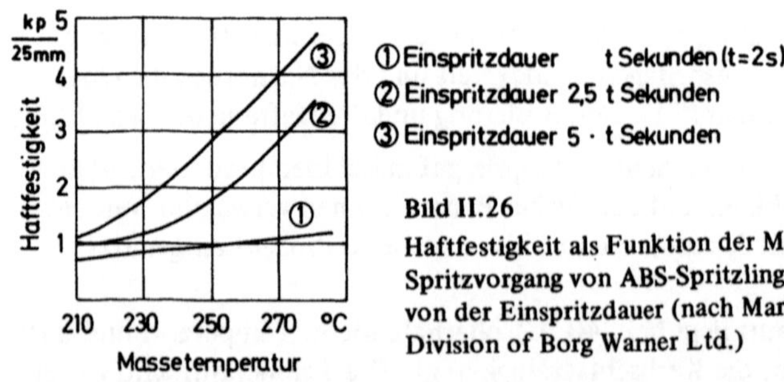

Bild II.26
Haftfestigkeit als Funktion der Massetemperatur beim Spritzvorgang von ABS-Spritzlingen in Abhängigkeit von der Einspritzdauer (nach Marbon Chemicals Division of Borg Warner Ltd.)

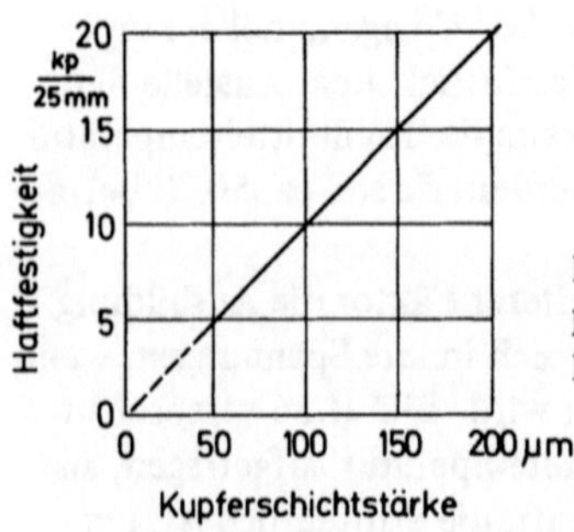

Bild II.27
Haftfestigkeit in Abhängigkeit von der Stärke der Metallbelegung (nach *Ebneth*), vgl. Text

ABS-Pfropfpolymerisate erstarren wie alle Spritzgußmassen auf Polystyrolbasis kristallin. Die kristalline Struktur ist von der Kristallisationsgeschwindigkeit und von inneren Druckschwankungen abhängig.

Überhitzte Schmelzen sind weniger kristallisationsfreudig, bei zu geringer Schmelztemperatur bleibt das Gefüge amorph [1]). In beiden Fällen zeitigt der Beizangriff nicht die erwünschten Vertiefungen auf der Oberfläche, deren „richtige" Ausbildung allein für die Haftfestigkeit der galvanischen Schicht verantwortlich ist [2]). Alle die genannten Faktoren, die bei der Herstellung des Spritzlings beachtet werden müssen, zielen letzten Endes dahin, in der äußersten Oberflächenhaut das optimale Gefüge zu erhalten.

Ein nicht vollkommen ausgebildetes kristallines Gefüge kann durch eine nachfolgende Wärmebehandlung verbessert werden. Zur Oberflächenkristalli sation genügt ein kurzes Beflammen, wobei keine sichtbaren Oberflächenveränderungen zurückbleiben dürfen [3]).

---

1) Amorph = gestaltlos; hier nicht kristallin (wie Glas).

2) Prinzipiell eignet sich derjenige Kunststoff zum Galvanisieren, in dessen Oberflächenhaut ähnliche Vertiefungen gebracht werden können wie in ABS-Pfropfpolymerisate.

3) Beide Verfahren als Notbehelf.

3. Galvanisiergerechte Konstruktion

Die Konstruktion der Spritzlinge muß spritz- und galvanisiergerecht sein. Oberflächenfehler sind nach dem Galvanisieren besonders deutlich sichtbar. Daher rührt die Forderung nach der Oberflächengüte des Werkzeugs[1]). Da aber auch Bindenähte zu sehen sind, müssen sie vermieden werden. Bindenähte entstehen dort, wo die Spritzmasse wieder zusammentrifft, wenn der Massestrom getrennt wurde. Der Anguß muß möglichst so erfolgen, daß keine Massetrennung auftreten kann (siehe Bild II.28 A und F) oder an einer Stelle, die nachher nicht zu sehen ist. (Bild II.28 D.) Eine solche Stelle eignet sich auch zur Kontaktierung beim Galvanisieren. Bild II.28 zeigt wie die Art des Angusses die Fließlinien und Bindenähte bestimmt.

Ebene Flächen neigen zum Einfallen oder Verwerfen und weisen leicht Fließmarkierungen auf. Abhilfe bietet leichtes Wölben oder eine Oberflächendekoration wie Narbung, Riffelung oder Ornamentierung.

Möglichst gleiche Wandstärken sind anzustreben; wenn dies nicht erreicht werden kann, sollen Wanddicken allmählich geändert werden. Bei größeren Wandstärken treten innere Spannungen weniger stark auf (bedingt durch die langsamere Abkühlung der größeren Masse). Zu dünnwandige Teile neigen zum Verzug, wenn sie im Beizbad Temperaturen von 60° bis 70 °C ausgesetzt werden[2]). Ecken und Kanten sind abzurunden.

Vertiefungen sollen höchstens zweimal so tief wie breit sein. Nuten sollen möglichst abgeschrägt und in der Teife abgerundet sein, da sie sonst schwierig zu metallisieren sind.

Aus toten Winkeln, Sacklöchern und ähnlichen Formgebungen muß die eventuell eingeschlossene Luft entweichen können, damit die Flüssigkeit der verschiedenen Tauchbäder auch dort die Oberfläche benetzen kann.

Bei der Konstruktion ist ferner zu beachten, daß die Teile zur stromlosen und zur galvanischen Behandlung jeweils von Gestellen aufgenommen werden müssen. Hierfür gibt es mehrere Möglichkeiten:

Das Werkstück kann elastisch durch zwei oder drei Blattfedern gehalten werden, wobei eine zur Kontaktierung dient.

Man kann vier Sacklöcher vorsehen, zwei zur Aufnahme im Gestell für die stromlose Behandlung, zwei für die Strombehandlung. Nachteilig ist bei dieser Methode die Möglichkeit, daß eingeschlossene Luft eine ausreichende Kontaktierung behindert. Besser sind Langlöcher.

---

[1]) Gut bewährt hat sich vergüteter Werkzeugstahl EMC 20 (Nr. 2162 des Stahlschlüssels), ferner EN 45, E 20 M, AMS u.a. Besonders gut zur Herstellung von Spritzformen haben sich im Vakuum umgeschmolzene oder hergestellte Stähle erwiesen.

[2]) Wandstärkenminimum sollte 1,5 mm sein!

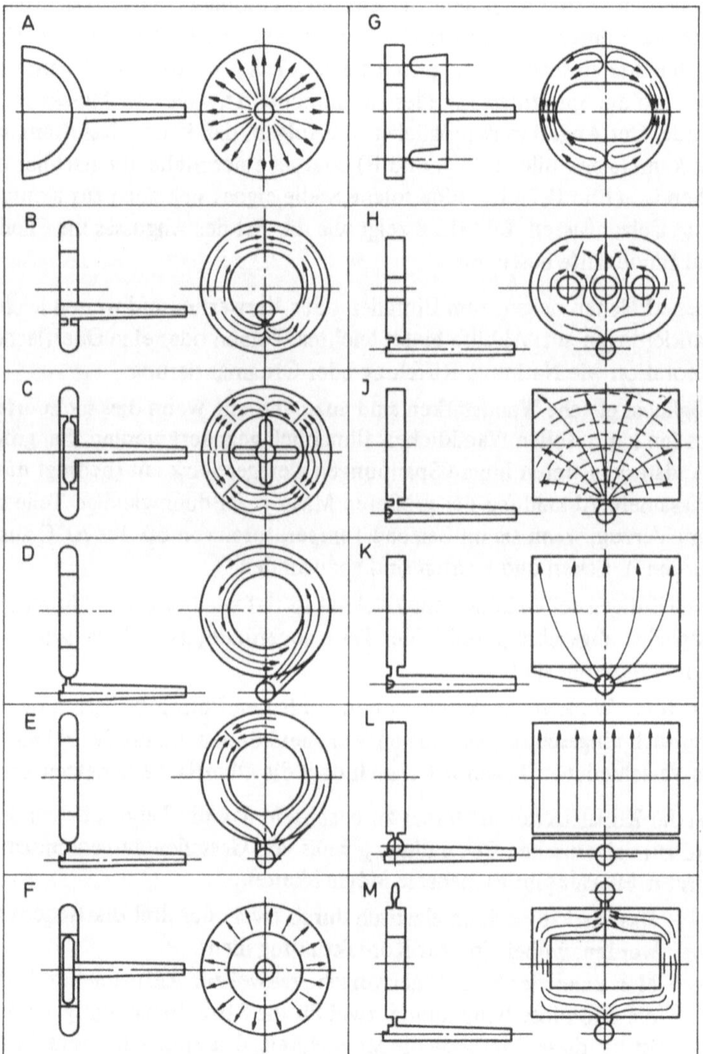
A
B
C
D
E
F
G
H
J
K
L
M

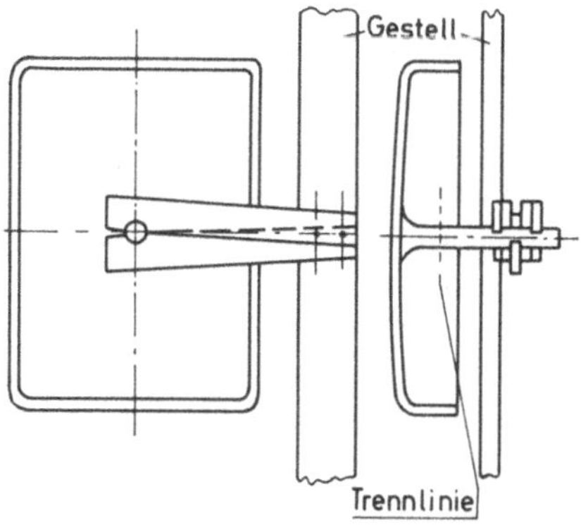

Bild II.29
Beispiel zur zangenförmigen Halterung des Werkstückes am Gestell mit Hilfe des Angusses

Der Stangenanguß eignet sich sehr gut zur Halterung und Kontaktierung. Er kann durch eine Zangenvorrichtung rasch und fest am Gestell angebracht werden. (Siehe Bild II.29.)

Zur Behandlung von kleinen Massenteilen werden bereits Trommelverfahren angewandt, wenn auch hierbei erst das Entwicklungsstadium erreicht ist.

◀ Bild II.28. Fließlinien und Bindenähte und ihre Abhängigkeit von der Art des Angusses.
Bei A, F, J, K und L werden Bindenähte vermieden. Bei J, K und L kommt es jedoch mit großer Wahrscheinlichkeit zu unterschiedlichen inneren Spannungen, die zonenförmig aufeinander folgen, bedingt durch die Massenabkühlung während des Spritzvorganges. Die Zonen verlaufen etwa senkrecht zu den Fließlinien, wie bei J durch gestrichelte Linien angedeutet.

Der Eisessigtest läßt solche Zonen unterschiedlicher innerer Spannungen erkennen. Bei großen inneren Spannungen kann es sogar durch diesen Test zu Rissen kommen. Hieraus lassen sich Schlüsse für konstruktive Verbesserungen ziehen. Bei diesem Test taucht man die Spritzgußteile bei Raumtemperatur zwei Minuten lang in Eisessig. Danach erscheinen unterschiedliche Farbtönungen auf der Oberfläche. Helle Stellen weisen auf innere Spannungen im Kunststoff hin. Durch Tauchen in alkoholischer Methylrotlösung lassen sich die Kontraste deutlicher machen.

4. Arbeitsgänge zur Kunststoffgalvanisierung

Wenn auch die ABS-Kunststoffe oder Polypropylen im Vordergrund stehen, so lassen sich auch andere Kunststoffe galvanisieren, wenn die Haftfestigkeit nicht ausschlaggebend ist. In der Bijouterie-Industrie [1]) werden Kleinteile aus Polystyrol, Gießharzen und ähnlichen Materialien schon seit langem metallisiert, in der Parfümerie-Industrie werden Kunststoffe auf Formaldehyd-Basis [2]) zur Galvanisierung eingesetzt, da sie chemikalienfest sind. Die Firma «Du Pont» hat zur Aufrauhung ein patentiertes, sogenanntes „Satinierverfahren" entwickelt. Es gibt auch stromleitende Kunststoffe, die sich direkt galvanisieren lassen. Sie enthalten einen hohen Graphitanteil, der die Leitfähigkeit bewirkt, jedoch die mechanischen Eigenschaften herabsetzt. Die Verwendungsmöglichkeit ist dadurch beschränkt.

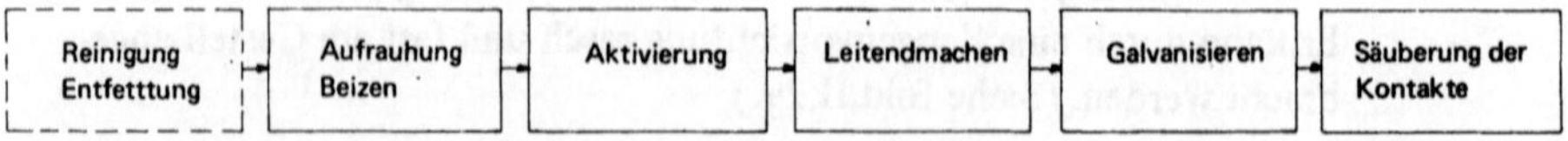

Bild II.30. Hauptarbeitsgänge zur Kunststoffgalvanisierung

Bild II.30 zeigt die Hauptarbeitsgänge, die praktisch für alle Kunststoffe gelten mit Ausnahme der direkt leitenden.

Durch die alkalische Reinigung werden Fette, Fingerabdrücke und Formtrennmittel entfernt. Das Aufrauhen zur Erzielung der Haftfestigkeit wird mechanisch oder chemisch erreicht. Die Aktivierung ist die Vorstufe für das Leitendmachen. Sie wird meistens in zwei Schritten durchgeführt. Der eigentlichen Aktivierung geht eine Sensibilisierung voraus. Durch den Prozeß werden auf der Kunststoffoberfläche Metallkeime gebildet. Beim Leitendmachen wächst von diesen Keimen aus eine stromlos abgeschiedene Metallschicht, meistens Kupfer, die sich über die ganze Oberfläche ausbreitet. Auf ihr werden dann weitere Metallschichten galvanisch niedergeschlagen.

Auf die Behandlung von ABS-Kunststoffen soll näher eingegangen werden. Bild II.31 zeigt schematisch die erforderlichen Arbeitsgänge des „Umsteck"-Verfahrens.

Daneben gewinnen modernere „Durchfahr"-Verfahren mehr und mehr an Bedeutung.

---

[1]) Hersteller von unechtem Schmuck.

[2]) z. B. „Delrin" oder „Hostaform".

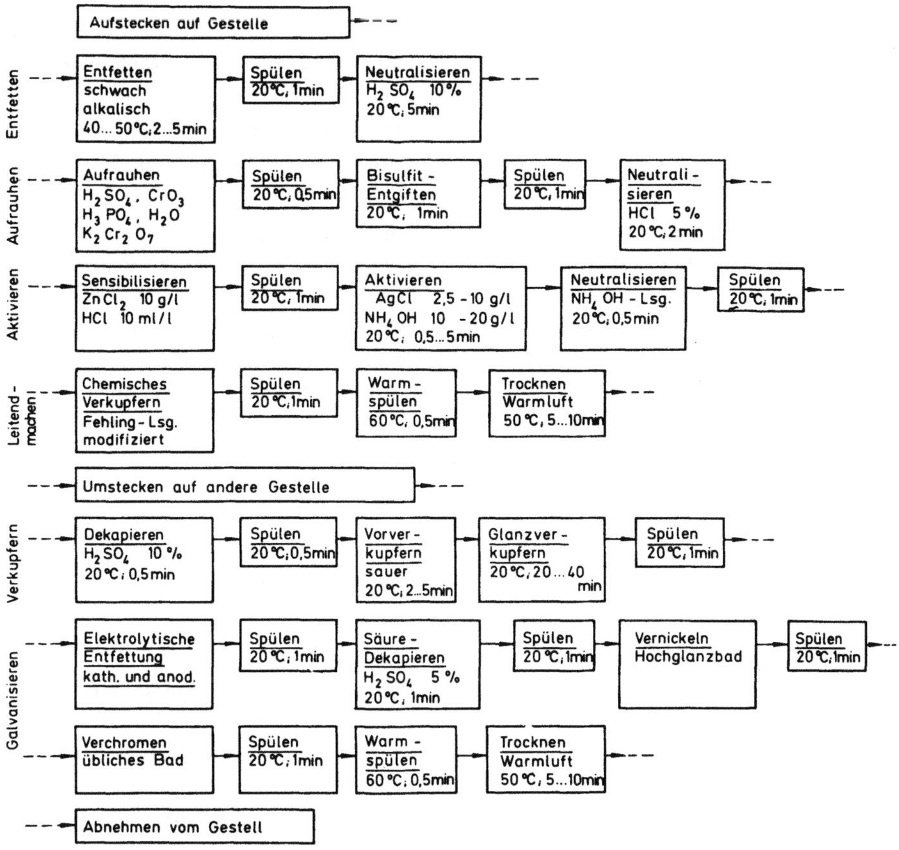

Bild II.31. Arbeitsgänge zur ABS-Galvanisierung nach dem Umsteckverfahren

Es gibt heute im wesentlichen drei Methoden der Kunststoffgalvanisierung, die zeitlich nacheinander Eingang in die Praxis fanden. Vom Entfetten abgesehen, das gewöhnlich nicht erforderlich ist, ergeben sich die nachstehenden Arbeitsfolgen:

I. Beizen – Sparspülen – Entgiften – Spülen – Zinn-Aktivieren – Spülen – Silber- oder Palladium-Aktivieren – Spülen – Chemisches Verkupfern oder Vernickeln – übliches Galvanisieren.

II. Beizen – Sparspülen – Entgiften – Spülen – Palladium-Aktivieren – Spülen – Reduzieren – Spülen – chemisches Verkupfern oder Vernickeln – übliches Galvanisieren.

III. Beizaktivieren – Sparspülen – Entgiften – Spülen – Beschleunigen – chemisches Vernickeln – übliches Galvanisieren.

Verfahren II und III sind „Durchfahr“-Verfahren; die Teile werden nach der stromlosen Metallisierung nicht mehr auf andere Gestelle umgesteckt, wie dies für das Verfahren I noch üblich ist.

Beim Verfahren III wird im Beizbad gleichzeitig aktiviert. Die Zahl der Arbeitsgänge vor dem Galvanisieren wird von neun auf sechs vermindert.

Für automatische Anlagen ist das „Durchfahr“-Prinzip das Gegebene. Werden die Bäder von Hand beschickt, so stehen Einsparungen an Bedienungspersonal erhöhte Gestellkosten gegenüber, wenn man das „Umsteck“-Prinzip mit dem „Durchfahr“-Prinzip vergleicht. Daß im letzten Fall die mit dem Umstecken gegebene Zwischenkontrolle wegfällt, hat nur geringe Bedeutung, da die Fehler meistens doch erst nach dem Galvanisieren sichtbar werden. Eine Umstellung von der Umsteck- zur Durchfahr-Methode erfordert nicht unerhebliche Investitionen, besonders im Gestellpark. Bei Neuanlagen wird sich das Durchfahr-Prinzip durchsetzen.

a) Entfetten

Ein Entfetten ist nur erforderlich, wenn eine entsprechende Verschmutzung vorliegt. Das schwach alkalische Entfettungsbad enthält keine Natronlauge. Es darf nicht gleichzeitig für Metalle verwendet werden.

b) Beizen (Aufrauhen)

Der Verbund zwischen Kunststoff und Metallbelag und damit die Qualität des Erzeugnisses wird grundlegend durch den Beizvorgang bestimmt, wenn man von den schon genannten Einflüssen bei der Herstellung im Spritz- oder Extrusionsverfahren absieht.

Bei ABS-Kunststoffen besteht der erwünschte Effekt des Beizens darin, bis zu einer Eindringtiefe von etwa 1 Mikrometer den Kautschuk (Butadien) durch ein starkes Oxydationsmittel zu zerstören. Ob hierbei nur der Kautschuk oxydiert oder zusätzlich die Hartkomponente merklich abgebaut wird oder ob eine irreversible Schädigung der äußeren Kunststoffhaut durch sogenanntes Überbeizen eintritt, hängt von der Zusammensetzung des Beizbades und den Beizbedingungen ab. (Siehe Bild II.27.)

Für jeden Beiztyp, der heute praktisch verwendet wird, gibt es einen scharf begrenzten Konzentrationsbereich, innerhalb dessen optimal gebeizt werden kann. Nur innerhalb dieses Toleranzbereichs ist eine Massenproduktion gleichbleibender Qualität möglich. Da bei kompliziert geformten Werkstücken mit Schichten unterschiedlicher Spannungszustände zu rechnen ist, ergeben sich bei ein und demselben Werkstück unter Umständen unterschiedliche Beizbedingungen. Schichten mit inneren Spannungen benötigen längere Beizzeiten als spannungsarme Oberflächenbereiche. Daraus resultieren als Forderungen an ein Beizbad:

Gleiche Abzugsfestigkeit der galvanisch aufgebrachten Schicht auf spannungsarmen Oberflächen für Beizzeiten von 1 bis 20 Minuten,

keine Schädigung der Hartkomponente bis zu einer Beizzeit von 30 Minuten und

geringer Einfluß der Badtemperatur zwischen 50 und 60 °C auf die Abzugsfestigkeit.

Zuverlässsige Betriebsanleitungen müssen es ermöglichen, die Toleranzgrenzen der Beizlösung einzuhalten und ihre Zusammensetzung zu überwachen.

Alle praktisch eingesetzten Beizlösungen enthalten Chromsäure, die durch Auflösen von Chromsäureanhydrid (CrO_3) in Wasser entsteht; d.h. sechswertige Chromionen, die sich beim Oxydieren des Butadiens zu dreiwertigen Chromionen reduzieren.

Beizbäder:

I. Verfahren	II. Verfahren	III. Verfahren
Chromschwefelsäure mit 5 bis 30 g/*l* CrO_3, meist mit Phosphorsäure[1]).	Modifizierte Chromschwefelsäure mit über 300 g/*l* CrO_3, meist ohne Phosphorsäure.	Edelmetall-haltige Chromschwefelsäure mit über 300 g/*l* CrO_3, gewöhnlich ohne Phosphorsäure. Als Edelmetallionen meist Pd^{2+}-Ionen.
Baddichte: 1,66 g/cm³ = 57° Bé[2])	Baddichte: 1,5 g/cm³ = 48° Bé	pH-Wert: kleiner 1
pH-Wert: kleiner 1	pH-Wert: kleiner 1	Beizzeit: 5...15 min
Beizzeit: 5...20 min	Beizzeit: 5...15 min	Temperatur: 60 °C ± 3 °C
Temperatur: 60...70 °C	Temperatur: 62...67 °C	

Badkontrolle: Die Baddichte und der Chromsäuregehalt werden täglich überwacht. Weitere Vorschriften gibt gegebenenfalls die Lieferfirma.

Badbehälter: Stahlblechwanne mit Hüttenweichblei als Auskleidung (99,9 % Pb). Damit kein Bleisulfatschlamm in das Beizbad gelangen kann, empfiehlt es sich, Drahtglasplatten oder Teflonfolie auszulegen.

---

1) Beizlösungen für Verfahren I: 600 m*l*/*l* H_2SO_4 (d = 1,84), 30 g/*l* CrO_3, 200 m*l*/*l* H_3PO_4 (d = 1,7), 180 m*l*/*l* H_2O.
oder: 800 m*l*/*l* H_2SO_4, 30 g/*l* CrO_3, 140 m*l*/*l* H_2O.

2) $\gamma = n°Bé \mathrel{\hat{=}} 144{,}3/(144{,}3 - n°Bé)$ in p/cm³, Bé = Baumé

Eine Baddurchmischung mittels ölfreier Druckluft oder durch Rühren mit Glas- oder Porzellanrührer ist zweckmäßig; die Ware kann zusätzlich bewegt werden.

Das Beizbad nimmt aus der Luft Wasser auf; es wird deshalb durch eine Kunststoffabdeckung während der Betriebspausen geschützt.

Bäder mit mehr als 300 Liter Inhalt benötigen eine Absaugung.

Warengestelle: Die Gestelle aus Kupfer oder Stahl werden isoliert. Als elektrische Kontakte haben sich Spitzen aus rostfreiem Chromnickelstahl [1]) bewährt. Eine Spitzenkontaktierung ist zuverlässiger als Flächenkontakte. (In engen Vertiefungen kann mit U-förmig gebogenem Draht befestigt und kontaktiert werden.)

Nach dem Galvanisieren müssen die Kontakte in einem Metallentferner [2]) gesäubert werden, da verhindert werden muß, daß beim nächsten Durchgang unedle Metalle in die Beizlösung eingeschleppt werden. Dies gilt in erster Linie, wenn nach dem Durchfahr-Prinzip gearbeitet wird.

Entgiften: Nach dem Beizen wird in einem Sparspülbad (Standspülbad) gespült und anschließend bei Raumtemperatur 10 bis 30 Sekunden lang in einem Reduktionsbad (z.B. 2 prozentige Natriumbisulfit-Lösung ($NaHSO_3$)) gespült, in dem das sechswertige Chrom zum dreiwertigen Zustand reduziert wird. Daran schließt sich ein gründlicher Spülvorgang, am besten Kaskadenspülung an. [3]) Das Entgiften ist umstritten; durch Ausfällen von basischen Salzen in den Oberflächenhohlräumen kann es zu Störungen der Haftfestigkeit kommen. Bei den niedriger konzentrierten Beizbädern des ersten Verfahrens (Umsteck-Verfahren) kann das Entgiften im allgemeinen durch intensives Spülen ersetzt werden.

c) Aktivieren

Bevor die elektrisch leitende Metallschicht abgeschieden wird, muß die Kunststoffoberfläche aktiviert werden. Mit Ausnahme des Beizaktivierverfahrens erfolgt dies in zwei Schritten. Hierbei unterschieden sich die Lösungen für das Umsteck- und das Durchfahr-Verfahren.

---

1) Z.B. 18/8 CrNi-Stahl

2) Geeignete elektrolytische Lösung „Dicoblitz“ E IV und Z 4 der Firma Kemper-Kontakt, Wuppertal-Vohwinkel.

3) Siehe Kap. III. B. 2

I. Umsteck-Verfahren: Nach gründlichem Spülen wird in einer Lösung aus Zinn-II-Chlorid (Sn^{2+}) und Salzsäure getauscht.

1. Aktivierungslösung:

10 – 20 g/*l* $SnCl_2$ [1])	oder	10 g/*l* $SnCl_2$
40 – 60 m*l*/*l* HCl (d = 1,19)		10 m*l*/*l* HCl
		5 g/*l* Hydrochinon

Baddichte:	1°...3°Bé (1,01...1,02 g/cm³)
pH-Wert:	sauer
Temperatur:	15...25 °C
Tauchzeit:	1...2 min

Die Lösungen sind lange haltbar. In der Praxis werden sie jedoch je nach Durchsatz ein- bis zweimal im Monat erneuert. Zeitweise muß gefiltert werden. Der Film, der sich auf der Oberfläche bilden kann, wird vor Arbeitsbeginn mittels Seidenpapier abgezogen. Das zweiwertige Zinn kann durch Luftsauerstoff zu vierwertigem Zinn oxydieren, auch wenn nicht gearbeitet wird. Die Lösung bleibt etwa doppelt solange haltbar, wenn eine Zinnanode[2]) eingelegt wird, die durch gelegentliches Abbürsten sauber gehalten wird.

Vor dem nachfolgenden zweiten Aktivierungsbad wird gründlich gespült. Hierbei hydrolisiert das Zinn-II-Chlorid, um im zweiten Aktivierungsbad zum vierwertigen Zustand zu oxydieren, während sich gleichzeitig ein Edelmetall auf der Kunststoffoberfläche niederschlägt. Das Zinn wirkt also als Reduktionsmittel.

2. Aktivierungslösung: Hierfür eignen sich Lösungen, die Salze des Silbers, Palladiums oder Goldes enthalten. Die Edelmetalle werden in den metallischen Zustand reduziert.

a) Silberaktivierung: Silbernitrat ($AgNO_3$)[3]) 1 bis 2,5 g/*l* Ammoniak (NH_4OH)-Lösung 10 bis 20 m*l*/*l* (d = 0,9)

---

[1]) Zinnchlorid in Salzsäure lösen und mit Wasser auffüllen!

[2]) Das sich auflösende Metall wird Anode genannt.

[3]) Kristallabscheidung, bedingt durch zu starke Verdunstung oder versehentlichen Alkalizusatz muß vermieden werden; die Kristalle können Knallsilber enthalten, das in trockenem Zustand mechanisch leicht zur heftigen Explosion gebracht werden kann.

Badansatz: Das Silbernitrat wird in einer geringeren Wassermenge gelöst (1 bis 1,5 Liter destilliertes oder vollentsalztes Wasser für 100 Gramm Silbernitrat. Ist alles Salz gelöst, so wird langsam unter ständigem Rühren Ammoniaklösung zugegeben, Zunächst wird die Lösung braun. Man gibt solange Ammoniak zu, bis sie wieder klar wird. Das Konzentrat wird dann in den Arbeitsbehälter gegossen, der bereits die erforderliche restliche (entsalzte) Wassermenge enthält.

Nachschärfen: Die Lösung kann sich durch Lichteinwirkung zersetzen. Durch Ammoniakzugabe wird die Zersetzung zum Teil rückgängig gemacht, so daß das Bad wieder arbeitsfähig wird. Reicht dies nicht aus, so setzt man Konzentrat zu. Ein Film auf der Badoberfläche wird wie beim 1. Aktivierungsbad abgezogen.

Nach der Aktivierung wird ohne Zwischenspülung manchmal in eine Ammoniaklösung getaucht, die 5 Liter konzentriertes Ammoniak auf 100 Liter Wasser enthält.

Betriebsdaten:	Baddichte:	2°Bé = 1,01 g/cm³
	pH-Wert:	über 10
	Temperatur:	15...25 °C
	Tauchzeit:	1...2 min

b) Palladiumaktivierung: Palladiumchlorid 0,25...0,5 g/*l*
konzentrierte Salzsäure 10 m*l*/*l*

Diese Aktivierung ist etwas teurer als die Silberaktivierung. Das Bad ist jedoch leichter stabil zu halten. Soll zum Leitendmachen stromlos vernickelt werden, dann ist es günstiger, mit Palladium zu aktivieren.

Nach der Palladiumaktivierung zeigt sich kein optisch sichtbarer Effekt.

c) Goldaktivierung: Die Goldaktivierung wird bisher praktisch kaum eingesetzt.

Lösung: Goldchlorwasserstoffsäure [1]) 0,5...1 g/*l*
konzentrierte Salzsäure 10 m*l*/*l*

---

[1]) Goldchlorid bildet, in Wasser gelöst, Goldchlorwasserstoffsäure.
$AuCl_3 \cdot H_2O = H(AuCl_3OH)$

Für die Aktivierungsbäder eignen sich Behälter aus Polyäthylen, Polypropylen, Hart-PVC, PVC/Polyesterharz, um einige zu nennen. Das Silberaktivierungsbad erhält eine Absaugvorrichtung.

II. Durchfahr-Verfahren: Beim Durchfahr-Verfahren verbleibt die Ware bis zum Ende der Galvanisierung auf dem gleichen Gestell. Dies ist möglich, da bei diesem Verfahren die Gestelle nicht metallbeschichtet werden. Es lassen sich zwei Verfahren anwenden: im einen ist der Aktivierungsprozeß ionogener, im anderen kolloidaler Natur.

a) Ionogener Prozeß: Die Aktivierung erfolgt in zwei Stufen. Zunächst wird in eine stark saure Palladiumlösung getaucht, die 50 bis 1000 mg/*l* Palladium enthalten kann (z.B. essigsaure Palladiumlösung). Ein Stabilisator hält die Lösung klar und weitgehend unempfindlich gegen Verunreinigungen, indem er in gewissen Grenzen eine Zersetzung verhindert, die durch Einschleppen von Fremdmetallen verursacht werden kann. Unschädlich ist Edelstahl (Chromnickelstahl); daher die Forderung nach der Chromnickelstahl-Kontaktierung.

Es empfiehlt sich, die Lösung von Zeit zu Zeit zu filtrieren, wobei die Pumpenteile, mit denen die Lösung in Kontakt kommt, nur aus Edelstahl sein sollen. Als Filter eignen sich Glas- oder Keramikfilter, Glaswolle und eventuell Rhovyl-Filter[1]). Papierfilter sind ungeeignet.

Als Behälter für die Lösung dienen Kunststoffbehälter aus den zuvor genannten Materialien. Eine Badbewegung sorgt für einen besseren Temperaturausgleich. (Propellerrührer aus Glas, PVC oder Edelstahl oder öl- und staubfreie Druckluft).

Badtemperatur: 60 bis 70 °C (je nach ABS-Typ).
Tauchzeit: 5 bis 8 min

Nach Zwischenspülen wird die Ware in eine Reduktionslösung getaucht. Ihre Temperatur und ihr pH-Wert hängen von der Art des Reduktions-

---

1) Für nicht zu warme Lösungen. Lieferfirma: Schleicher & Schüll, Dassel.

mittels und damit vom Redoxpotential[1]) und der Reaktionsgeschwindigkeit ab.

b) Kolloidaler Prozeß: Die Aktivierung erfolgt auch hier in zwei Stufen. Die erste Lösung enthält kolloidales Palladium, das durch Schutzkolloide[2]) und Flockulationsschutzmittel in dieser Form gehalten wird.

---

[1]) Taucht man z.B. ein Platinblech in eine Lösung, die Sn^{2+}- und Sn^{4+}-Ionen enthält, so liegen zwei Vorgänge im Widerstreit miteinander: Die Sn^{2+}-Ionen versuchen 2 Elektronen an das Platin abzugeben – es würde sich damit negativ aufladen und den Vorgang stoppen –, die Sn^{4+}-Ionen versuchen vom Platin 2 Elektronen aufzunehmen – dieses würde sich dabei positiv aufladen. Der Ladungszustand des Platins gestattet also eine Aussage, welcher Vorgang das Übergewicht hat. Für das gewählte Beispiel gilt:

$Sn^{2+} \rightleftharpoons Sn^{4+} + 2\,e^-$ mit + 0,15 Volt als Normalpotential (Vergleiche auch: dieser Band Kap. I. A. 3) Das Meßergebnis besagt: Es überwiegt der Reduktionsvorgang für das Zinn vom vier- zum zweiwertigen Zustand, (wenn z.B. Zinn-II- und Zinn-IV-Chloridlösung gemischt vorliegt.)

Befinden sich aber in einer Lösung gleichzeitig Sn^{2+}- und Pd^{2+}-Ionen, so ergibt sich folgendes: Nach der elektrochemischen Spannungsreihe ist das Normalpotential von Palladium höher als das oben angegebene Redoxpotential des Zinns. Daher wird das Palladium reduziert, d.h. in den niedrigeren Oxydationszustand, hier in den metallischen Zustand überführt, während das Sn^{2+} durch Abgabe von 2 Elektronen in den Sn^{4+}-Ionenzustand überführt wird.

(Sn^{4+}-Ionen im Gemisch mit Cr^{2+}-Ionen würden reduziert werden, während die Cr^{2+}-Ionen oxydiert werden würden, gemäß:

$$Sn^{4+} + 2\,Cr^{2+} \rightleftharpoons Sn^{2+} + 2\,Cr^{3+}$$

da das Redoxpotential für Chrom lautet:

$Cr^{2+} \rightleftharpoons Cr^{3+} + e^-$ mit − 0,41 Volt als Normalpotential)

[2]) Wird eine Stoffmenge in immer kleinere Teilchen zerlegt, so nehmen die Teilchen in der Oberfläche immer mehr zu relativ zu den Teilchen im Innern. Hierdurch ändern sich die mittleren Eigenschaften der Stoffmenge je nach dem Grad der Oberflächenbildung. Während in „echten" Lösungen die Teilchengrößen der gelösten Moleküle 1 bis 100 Å (1 Å = 10^{-8} cm) betragen, haben die Kolloide Durchmesser von 100 bis 10 000 Å.

Man kann Kolloide unterscheiden in solche, die in ihrem Innern kein Wasser bzw. Lösungsmittel aufnehmen, in sogenannte lyophobe bzw. hydrophobe Kolloide – hierzu gehören die Kolloide des Palladiums – und in solche, die locker ausgebildet sind und Wasser- bzw. Lösungsmittelmoleküle in sich aufnehmen – hierzu gehören die kolloidalen Zinnverbindungen. Je mehr Wasser- bzw. Lösungsmittelmoleküle aufgenommen werden, um so ähnlicher wird das Kolloid dem Lösungsmittel und um so beständiger wird es daher. Kolloide dieser Art heißen hydrophile bzw. lyophile Kolloide. Hydrophobe Kolloide werden gegen äußere Einflüsse wesentlich stabiler, wenn sie von hydrophilen Kolloiden umgeben werden, die damit als Schutzkolloide wirken.

Beispiel für eine Aktivierungslösung:

Palladiumchlorid ($PdCl_2$)	1 g/*l*
konzentrierte Salzsäure	300 m*l*/*l*
Zinnchlorid ($SnCl_2$)	50 g/*l*

Kolloidales Palladium entsteht durch Reduktion mit Zinn-Ionen. Hierbei kann sich kolloidale Zinnsäure (etwa der Form $SnO_2 \cdot nH_2O$) mit adsorbiertem Zinn-und Zinnoxychlorid bilden und als Schutzkolloid für das Palladium wirken. Der (meistens unter 1 liegende) pH-Wert und Zinnionen im Überschuß sind hierbei von Bedeutung.

In der zweiten, auch Beschleuniger genannten Stufe wird das Schutzkolloid entfernt. Als Lösung kann eine verdünnte Säure (z.B. 5 prozentige Schwefelsäure) eingesetzt werden.

Das kolloidale Verfahren besitzt den Vorteil, daß auf Metallteilen keine Zementation[1]) des Palladiums erfolgt (wichtig bei ABS-Metall-Verbund, gedruckten Schaltungen u.ä.). Nachteilig zeigt sich die Empfindlichkeit kolloidaler Lösungen, die gewöhnlich nicht durch Filtrieren sauber gehalten werden können.

III. Durchfahr-Verfahren mit Beizaktivieren:

Bei diesem neuen Verfahren wird das Beizen und die erste Stufe des Aktivierens in *einer* Lösung vorgenommen. Im Beizbad wird hierbei ein Edelmetall aufgelöst.

Neben dem Vorteil der Einsparung von Tauchbädern und damit auch des Platzbedarfs wird die Behandlungsdauer um 15 bis 25 Prozent gekürzt im Vergleich zum zuvor beschriebenen Durchfahr-Verfahren, je nachdem, ob chemisch vernickelt oder verkupfert wird. Auf das Beizaktivieren folgt vor dem Galvanisieren ein chemisches Vernickeln.

---

[1]) Zementation bedeutet hier: Metallisches Palladium schlägt sich nieder, während das vorhandene Metall in Lösung geht. Hierbei findet ein einfacher Austausch der Ladungselektronen statt. Solche Schichten haben nur geringe Haftfestigkeit.

In Tabelle II.7 sind noch einmal die Arbeitsgänge der chemischen Vorbehandlung vor dem Galvanisieren zusammengestellt.

Tabelle II.7: Arbeitsgänge der chemischen Vorbehandlung von Kunststoffen vor dem Galvanisieren.

Verfahrensgang	I. Umsteck-Verfahren	II. Durchfahr-Verfahren	III. Beizaktivier-Verfahren
Reinigung	mildalkalische Reinigungsmittel, meist nicht nötig		
Beizen	modifizierte Chromschwefelsäure mit maximal 30 g/l CrO_3, meist Phosphorsäure	modifizierte Chromsäure mit Schwefelsäure meist frei von Phosphorsäure, über 300 g/l CrO_3	Edelmetallhaltige Chromsäure mit Schwefelsäure, über 300 g/l CrO_3
Chromreduktion (Cr^{6+} zu Cr^{3+})	mit $NaHSO_4$ u.a.		mit $FeSO_4$
Aktivieren	1. Sn^{2+} 2. Ag^{+} | Sn^{2+} Pd^{2+}	1. Pd^{2+} 2. Reduktion | kolloidales Pd mit Nachbehandlung	spezielles Reduktionsmittel
Chemisches Metallisieren	stromloses Verkupfern oder Vernickeln		stromloses Vernickeln
Kunststoffsorten	Alle galvanisierfähigen Kunststoffe (Bei Polypropylen nur Vernicklung)	ABS, mit Einschränkung auch Polypropylen, Polyamid, Polyäthylen, modifiziertes Polyester	ABS
Spülen	Nach jedem Arbeitsgang gründlich Spülen, möglichst Kaskadenspülung		Spülen vor dem chemischen Vernickeln kann entfallen

d) Leitendmachen

Zum Leitendmachen von Kunststoffen wird die stromlose Verkupferung oder Vernickelung in der Form des Reduktionsverfahrens angewandt. Zum Verkupfern dient eine modifizierte Fehling'sche Lösung. Das Kupfer liegt in Ionenform in der Lösung vor. Beim Niederschlagen auf der Oberfläche des Werkstückes wird es zu metallischem Kupfer reduziert. Hierzu ist ein Reduktionsmittel nötig. Damit die Lösung jedoch stabil bleibt, d. h. damit die Reduktion nicht innerhalb der Lösung spontan verläuft, darf das Reduktionsmittel erst bei Anwesenheit eines Katalysators wirksam werden. Als Katalysator wirkt die

Aktivierungsschicht (Silber, Palladium oder Gold) und bereits niedergeschlagenes Kupfer. Die Reduktion findet also tatsächlich nur an der Oberfläche statt.

Die Kupferlösung ist billiger als eine Nickelreduktionslösung und stabil genug, daß praktisch ca. 70 % des Metallgehalts ausgearbeitet werden können. Die Badkomponenten müssen sorgfältig aufeinander abgestimmt sein. Es ist zweckmäßig, die erprobten, im Handel befindlichen Lösungen bzw. Verfahren einzusetzen. Der Metallgehalt ist gering; er beträgt nur 1,5 bis 4 g/*l*. Mit einem Gramm lassen sich 30 bis 50 dm^2 Oberfläche bedecken.

Grundzusammensetzung der Kupferreduktionslösung:

Rochellesalz ($KNaC_4H_4O_6 \cdot 4\,H_2O$)	34 g/*l*	Lösung I
Ätznatron (NaOH)	10 g/*l*	
Kupfersulfat ($CuSO_4$)	7 g/*l*	
Natriumcarbonat (Na_2CO_3)	6 g/*l*	
Formaldehyd $\left(^{H}_{H}C\,O\right)$	50 ml/*l*	Lösung II

Hinzu kommen Komplexbildner als Stabilisatoren, sowie eventuell Glanz- und Netzmittel.

Der pH-Wert wird mit Hilfe des Natriumcarbonats auf 11 bis 12,5 eingestellt.

Bei einer Temperatur von 20 °C erhält man nach 5 bis 20 Minuten einen kupferfarbenen Niederschlag, wobei die Schichtdicke 0,25 bis 1 μm beträgt.

Die Lösungen werden meistens konzentriert geliefert, wobei sie in zwei oder drei verschiedene Lösungen unterteilt sind, um Reduktion zu vermeiden. Zusammensetzung von Nickelreduktionslösungen: siehe Anmerkung[1]) S. 106.

Der Behälter wird am besten aus PVC (Polyvinylchlorid) hergestellt. Das Bad reagiert auf Staub und Verunreinigungen. Daher soll es jeweils nach Arbeitsschluß in einen zweiten sauberen Behälter umfiltriert werden. Der Arbeitsbehälter kann dann gereinigt werden, wobei ein Kupferniederschlag an den Wänden mit verdünnter Salpetersäure gelöst wird. (Vorsicht: Möglichkeit der Bildung sehr schädlicher nitroser Gase). Es kann auch eine Polyäthylenfolie in das Bad eingelegt werden, die erneuert wird, wenn einmal Kupfer ausgefällt worden ist. Die Konzentration des Natriumhydroxids und des Reduktionsmittels muß titrationsanalytisch überwacht werden. Weitere Überwachungen übernimmt die Lieferfirma meistens kostenlos.

Bei einer Baddichte von 6 °Bé (1,04 g/cm^3) erhält man in Abhängigkeit von der Temperatur und Behandlungsdauer folgende Schichtstärken:

Temperatur	10 min	20 min
20 °C	0,3 μm	0,6 μm
40 °C	0,8 μm	1,3 μm

Anstelle der Verkupferung kann z.B. in einem Borazanbad[1]) stromlos vernickelt werden. Derartige Bäder sind stabil. Bei Behandlungsdauern von 5 bis 10 Minuten (gegenüber 10 bis 20 Minuten zur Kupferverspiegelung) werden Nickelschichten von 1 bis 3 Mikrometern gebildet (gegenüber 0,3 bis 1,3 μm beim stromlosen Verkupfern).

In jüngster Zeit wird die chemische Vernicklung vielfach bevorzugt. Für Polypropylen als Grundwerkstoff eignet sich die stromlose Verkupferung nicht, da Polypropylen durch Kupferaufnahme versprödet.

An die Verspiegelung schließt sich dann die galvanische Verkupferung im sauren Kupferbad an. (Cyanidische Kupferbäder lösen die Verspiegelungsschicht auf.) Um die dünne Kupferschicht an den Kontaktstellen nicht zu verbrennen, beginnt man mit niedriger Stromdichte von 0,5 bis 1 A/dm^2, die dann auf 3 bis 5 A/dm^2 gesteigert werden kann. Weitere erwünschte Metalle werden dann in der galvanisch üblichen Weise abgeschieden.

e) Weitere Verfahren zum Leitendmachen

Silberspritzverfahren: Da Silberreduktionsbäder nicht stabil sind, wird eine Silberschicht dadurch erzeugt, daß man die Silbersalzlösung und das Reduktionsmittel mittels einer zweidüsigen Spritzpistole getrennt aufspritzt. Die Silbersalzlösung besteht zu etwa gleichen Teilen aus Silbernitrat, Ammoniak und Ätznatron in Wasser. Sie wird angesetzt wie die Silberaktivierungslösung. Als Reduktionsmittel dient Hydrazin oder Formaldehyd. Beim dreidüsigen Verfahren wird die Natronlauge getrennt als dritte Lösung aufgespritzt. Man will damit der Gefahr begegnen, daß sich Knallsilber bildet.

Die Vorbehandlung der Ware ist einschließlich der Zinnchloridsensibilisierung dieselbe, wie bereits beschrieben.

Gewöhnlich werden Silberschichten von 2 bis 4 μm erzeugt. (Eine Steigerung bis zu 25 μm ist möglich.)

Auftrag von Leitlack: Bei diesem Verfahren werden Lacke mit stromleitenden Pigmenten aufgebracht. Als Pigmente eignen sich Graphit-, Kupfer-, Bronze- oder Silberstaub. Silber besitzt die beste Leitfähigkeit und kann in kleinsten Partikeln hergestellt werden. Leitlacke werden im Tauch- oder Spritzverfahren aufgebracht.

Das Verfahren dient heute weniger zum Leitendmachen vor dem Galvanisieren sondern eher zur Erzeugung einer Oberflächenschicht, die verhindert, daß der Kunststoff sich auflädt.

---

[1]) Siehe *W. Müller*, Oberflächenschutzschichten und Oberflächenvorbehandlung. Abschnitt IV.A.5b. Viewegs Fachbücher der Technik, Friedr. Vieweg + Sohn, Braunschweig 1972.

Bedampfen im Hochvakuum: Eine leitfähige Schicht kann auch durch Metallbedampfung im Hochvakuum aufgebracht werden [1]).

5. Vorbereitende Verfahren zur Galvanisierung von Kunststoffkleinteilen im Massenverfahren

Die Kleinteile werden in Scheuertrommeln mechanisch oder in Glocken oder Trommeln chemisch aufgerauht.

Zum mechanischen Aufrauhen werden die Trommeln, die innen z. B. mit Resopal ausgekleidet sein können, zu 35 bis 70 % gefüllt. Die Füllung besteht zu $^1/_3$ bis $^1/_5$ aus der Ware und zu $^2/_3$ bis $^4/_5$ aus Schleifkörpern. Die Trommeln rotieren mit 20 bis 45 Umdrehungen je Minute. Eine andere Möglichkeit bietet das Sandstrahl- oder Druckstrahl-Läppen. Hier enthalten perforierte rotierende Trommeln das Gut. Das Strahlmittel wird in die Trommel hineingeblasen.

Das chemische Aufrauhen erfolgt am besten in Einhängetrommeln, die ganz in das Aufrauhbad eintauchen, da beachtet werden muß, daß die Kunststoffteile leichter als Wasser sind und das Bestreben haben, an die Oberfläche zu schwimmen.

Zur Sensibilisierung, Aktivierung und zum Leitendmachen eignen sich Trommeln oder besser Glocken, die je nach Größe als Tisch- oder Standgeräte verwendet werden.

Die sechs- bis achteckigen Glocken haben die Form eines abgestumpften Kegels und rotieren um eine schräg gestellte Achse. Zum Entleeren können sie gekippt werden.

Sie werden zu einem Drittel bis zu einem Viertel ihres Fassungsvermögens mit Lösung gefüllt. Die Flüssigkeit soll die Ware eben bedecken. Je Liter Lösung lassen sich etwa 4 bis 6 Quadratdezimeter Oberfläche bearbeiten.

Zur Sensibilisierung und Aktivierung rotiert die Glocke mit 12 bis 14 Umdrehungen, zur chemischen Verkupferung mit 4 bis 5 Umdrehungen je Minute.

Zur Sensibilisierung und Aktivierung kann man mit einem Durchsatz von etwa 15 000 dm^2/l rechnen, bei der stromlosen Verkupferung mit etwa 50 dm^2/l.

Das Leitendmachen (stromlose Verkupferung) verbilligt sich merklich, da man auf den Zusatz von Stabilisatoren verzichten kann. Die geringe Menge Lösung wird so rasch ausgearbeitet, daß das Haltbarmachen durch Stabilisatoren entfallen kann.

---

[1]) Siehe *W. Müller*, a. a. O., Abschnitt IV.A.4a.

III. Einrichten einer Galvanik

A. Badaufstellung, Gestellbau

1. Badaufstellungen und Raumgestaltung

Die Aufstellung der Badbehälter einer Galvanik berücksichtigt im Prinzip zwei Gesichtspunkte: den Arbeitsablauf und die Abwasserführung. Bild III.1 zeigt einen praktisch verwirklichten Aufstellungsvorschlag zur Verkupferung, Vernicklung und Verchromung von großen Werkstücken und zur Trommelvernicklung oder Trommelvercadmung von Massenteilen. Die vercadmeten Teile werden in Chromsäure passiviert.

Die Gleichrichter zur Badstromversorgung in einem besonderen Raum aufzustellen, was aus Korrosionsgründen anzustreben ist, wurde hier nicht verwirklicht.

Der gesamte Raum ist in einen Vorbereitungsraum (Herrichten der Warengestelle, Beschicken der Gestelle usw.) und die eigentliche Galvanik unterteilt. Der Fußboden des Galvanikraumes liegt tiefer und besitzt Reliefstruktur die sich aus den Zahlen (mit negativen Vorzeichen) ergibt, die im Raumplan verschiedentlich notiert sind. Sie beziehen sich auf die 0----0 gekennzeichneten Niveaus und geben das Gefälle wieder zu drei längs der Raumwände verlaufenden Abflußrinnen und einer innerhalb des Raumes geführten Rinne. Während das Gefälle des Fußbodens etwa zwei Prozent beträgt, führen die Abflußrinnen mit etwa drei Prozent Gefälle zu den Sinkkästen S1 bis S4.

Der Galvanikraum ist in vier Abteilungen unterteilt, die so gegen einander (z. B. durch einen halben Stein) abgegrenzt sind, daß sich die Bodenwässer nicht vermischen können. Die mit Cy bezeichnete Abteilung erfaßt alle alkalisch-cyanidischen Tropf- und Fließwässer, die beiden mit S gekennzeichneten Abteilungen erfassen alle sauren und alkalischen (hier ein alkalisches Spülbad) Tropf- und Spülwässer, die Cr-Abteilung erfaßt die chromsäurehaltigen Tropf- und Spülwässer.

In den Sinkkästen S1 und S3 werden saure und alkalische Wässer gesammelt und einem Neutralisationsbecken zugeleitet; der Sinkkasten S2 faßt die alkalisch-cyanidische Wässer zusammen; von dort werden sie einem Becken zur Cyanidentgiftung zugeführt; im Sinkkasten S4 sammeln sich die chromsäurehaltigen Wässer und werden einem Becken zur Chromsäurereduktion zugeleitet.

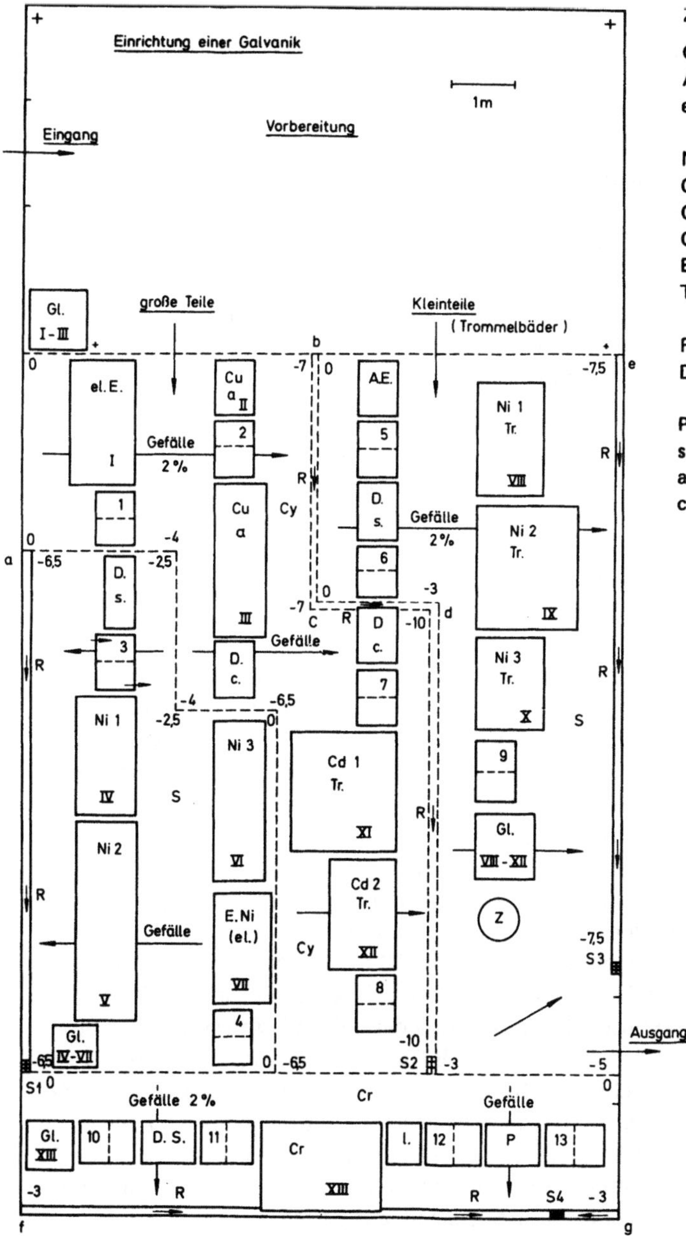

Zeichenerklärung:

Gl.	Gleichrichter
A.E.	Abkochentfettung
el.E.	elektrolytische Entfettung
Ni	Nickelbad
Cu	Kupferbad
Cr	Chrombad
Cd	Cadmiumbad
E.Ni	Entnicklungsbad
Tr.	Trommel galvanisieren
R	Abflußrinne
D	Dekapier- bzw. Neutralisierbad
P	Passivierlösung
s	sauer
a	alkalisch
c	cyanidisch

Bild III.1. Einrichtung einer Galvanik für Gestell- und Trommelgalvanisierung unter Berücksichtigung abwassertechnischer Gesichtspunkte

Die Badbehälter sind dem Arbeitsablauf für große Teile und Kleinteile entsprechend aufgestellt und auf gleiche Oberkantenhöhe und linear parallel zum Arbeitsweg ausgerichtet.

Die zu begehenden Flächen sind derart mit Rosten ausgelegt, daß die Arbeitshöhe normaler Tischhöhe entspricht. Die Roste schließen stufenlos an den Vorbereitungsraum an.

Die Bäder die mit Gleichstrom versorgt werden müssen, sind von I bis XIII numeriert. Die Gleichrichter tragen die Nummern der Bäder, die sie mit Strom versorgen.

Die als Zweikammer-Kaskade[1]) gebildeten Spülbäder sind von 1 bis 13 numeriert. Die dem Verchromungsbad direkt nachgeschaltete Wanne ist ein nicht durchflossenes Spülbad.

Die dargestellte Einrichtung stellt nur ein Beispiel dar zur praktischen Erläuterung der obwaltenden Gesichtspunkte. Jede Galvanik weist eine „individuelle" Einrichtung auf. Wenn eine Fußbodenunterteilung nicht möglich ist, können wenigstens die fließenden Spülwässer z. B. mittels Kunststoffschläuchen den abwassertechnischen Bedürfnissen entsprechend getrennt geführt werden.

2. Gestellbau

Für eine wirtschaftliche Ausnutzung des Elektrolyten und möglichst gleichmäßige Metallabscheidung hat der Gestellbau einen großen Einfluß. Wenn für bestimmte Werkstücke eine Mindestschichtstärke der Metallauflage gefordert wird, so ist es nicht nötig, daß die Schichtdicke an irgend einer Stelle größer ist. Dies ist jedoch bei räumlich geformten Teilen oft unumgänglich, um überall wenigstens die Mindestschichtstärke erhalten zu können.
Es treten Schichtdickenunterschiede bei ein und demselben Teil auf und darüber hinaus oft noch größere Schichtstärkeunterschiede bei gleichartigen Teilen, die während der Metallbelegung verschieden tief in den Elektrolyten eintauchten[2]). Die Unterschiede können 100 % und mehr betragen. Wenn es nun gelingt, die Teile günstiger im Elektrolyten anzuordnen und damit die Schichtdickenunterschiede zu vermindern, dann lassen sich u. U. große Mengen an Anodenmetall einsparen. Bei dem Zahlenbeispiel in Kapitel I.B.1 beträgt der monatliche Nickelverbrauch rund 1 600 kg. Wenn sich mit Hilfe geeigneterer Gestelle der Nickelverbrauch um 25 % senken ließe, könnten monatlich 400 kg Nickelanoden eingespart werden. In vielen Fällen lohnt es sich, die Badstreuung in verschiedenen Tiefen des Elektrolyten zu untersuchen und die Gestellform entsprechend anzupassen.

---

1) Siehe nächsten Abschnitt

2) Die Metallkonzentration des Elektrolyten kann mit der Badtiefe variieren.

An Gestellformen kommen drei Grundformen vor:

1. die *Stangenform* mit am Schaft angesetzten Federklemmen (z. B. aus federhartem Messing),
2. die *T-Form* mit mehreren Querstäben, an die Federklemmen angesetzt sind,
3. die *Rahmenform* mit beliebig angeordneten waagerechten und senkrechten Querstäben.

Der Schaft und die Querstäbe werden aus Messing oder Kupfer, zum Eloxieren von Aluminium aus Aluminium gefertigt. Die Warenteile werden durch Federn gehalten, die aus federhartem Messing, Phosphorbronze bzw. aus federharter Aluminiumlegierung bestehen. Wo Schraubverbindungen möglich sind (z. B. bei Fahrradglocken), können statt der Federn mit entsprechenden Gewinden versehene Stifte angesetzt werden. Mindestens eine Kontaktstelle zur Ware wird metallisch blank gehalten und dient der Stromzufuhr. Der übrige Teil des Gestells ist mit einem eingebrannten Schutzlack überzogen. Warengestelle aus Titan (siehe II.A.Ic) benötigen keine Schutzlackierung.

Der Querschnitt des Flach- oder Rundmaterials der Gestelle richtet sich nach dem im Gestell fließenden Strom. Eine gewisse Querschnittsgröße ist erforderlich, damit der Spannungsabfall erstens innerhalb des Gestells gegenüber dem Spannungsabfall zwischen Ware und Anode (längs der Elektrolytstrecke) vernachlässigbar klein bleibt und damit sich zweitens das Gestell praktisch nicht erwärmt. Diese Forderungen bleiben nur dann erfüllt, wenn die elektrischen Kontakte zwischen Ware und Gestell nicht zu klein und stets sauber sind. Besonders bei hohen Stromdichten muß hierauf geachtet werden. Man erhält für die Gestelle gleiche Bedingungen wie für die Stromzuleitungen zwischen Gleichrichter und Elektrolyt, wenn je nach Gestellmaterial folgende Querschnitte (A) gewählt werden (Querschnitte in mm^2; I Strom je Gestell):

für Kupfer:	$A_{Cu} = 1{,}09 \cdot I$;	für Messing:	$A_{Ms} = 2{,}17 \cdot I$
für Aluminium:	$A_{Al} = 1{,}66 \cdot I$;	für Titan:	$A_{Ti} = 6{,}1 \cdot I$[1])

Bezogen auf das Gewicht G eines Gestells aus Kupfer, ergäben sich (bei Verwirklichung der vorher geforderten Querschnitte):

$$G_{Ms} = 1{,}92 \cdot G_{Cu}; \quad G_{Al} = 0{,}47 \cdot G_{Cu}; \quad G_{Ti} = 3{,}06 \cdot G_{Cu}.$$

Bei Handbetrieb soll das Gewicht des beladenen Gestells 10 kp nicht übersteigen.

1) Diese Querschnittsforderung läßt sich für Titan im allgemeinen nicht erfüllen, da sich zu unhandliche Querschnitte ergeben würden.

B. Spülmethode

Bezüglich der Größe einer Entgiftungsanlage, die sich nach dem stündlichen Abwasseranfall richtet, und im Interesse einer Wassereinsparung lohnt es sich, den Spülvorgang genauer zu betrachten. Das Spülen hat den Zweck, die anhaftende Flüssigkeit aus dem vorhergehenden Bad zu entfernen, indem sie durch möglichst sauberes und „weiches" Wasser ersetzt wird. Die Wasserhärte wird im wesentlichen durch Calcium- und Magnesiumsalze verursacht; die Bicarbonate bewirken die sogenannte vorübergehende (temporäre) Härte, die Chloride, Sulfate, Phosphate und Silicate die bleibende (permanente) Härte. Die vorübergehende Härte kann durch Kochen beseitigt werden. Die Wasserhärte wird in Graden angegeben, wobei der Magnesiumgehalt auf Magnesiumoxid, der Calciumgehalt auf Calciumoxid und dann noch der Magnesiumoxidanteil auf den Kalkwert umgerechnet wird. So liefern 10 mg CaO je Liter Wasser den deutschen Härtegrad „1". Bei Spülwässern sollte die Härte den Wert 8 möglichst nicht übersteigen. Vollentsalztes Wasser läßt sich durch Ionenaustauscheranlagen gewinnen. (Siehe Nr. 6.)

Ein ausreichender Spüleffekt kann nur erzielt werden, wenn die Elektrolytkonzentration im Spülbad unterhalb einer kritischen Grenze gehalten wird. Wird die Badkonzentration mit c_B und die Spülbadkonzentration mit c_S bezeichnet, so stellt der Quotient das sogenannte Spülkriterium R dar:

$$R = \frac{c_B}{c_S}$$

1. Ein Spülbehälter (Bild III.2a)

Die stündlich zu- und abfließende Frischwassermenge sei W, die aus dem vorhergehenden Bad G je Stunde eingeschleppte Menge sei E, die wieder ausgeschleppte Menge A und das Fassungsvermögen des Spülbades V. Wird zur Vereinfachung A = E gesetzt[1]), so gilt für c_s als Funktion der Zeit:

$$c_S = \frac{E \cdot c_B}{E + W} \left(1 - 10^{-0{,}4343 \frac{E+W}{V} \cdot t}\right) \qquad \text{(t Zeit in Stunden)}$$

[1]) Dies ist wegen der unterschiedlichen Viskositäten der ein- und ausgeschleppten Flüssigkeiten im allgemeinen nicht ganz zutreffend.

Nach etwa zwei Betriebsstunden kann die Exponentialfunktion praktisch gleich Null gesetzt werden, dann wird

$$c_S = \frac{E}{E + W} \cdot c_B$$

und der stündliche Frischwasserbedarf:

$$W = (R - 1) \cdot E \approx R \cdot E\,.$$

Zahlenbeispiel: Wird R = 2 000 für erforderlich gehalten und beträgt E = A = 0,8 Liter je Stunde, so errechnet sich ein stündlicher Frischwasserbedarf von W = 1 600 Liter.

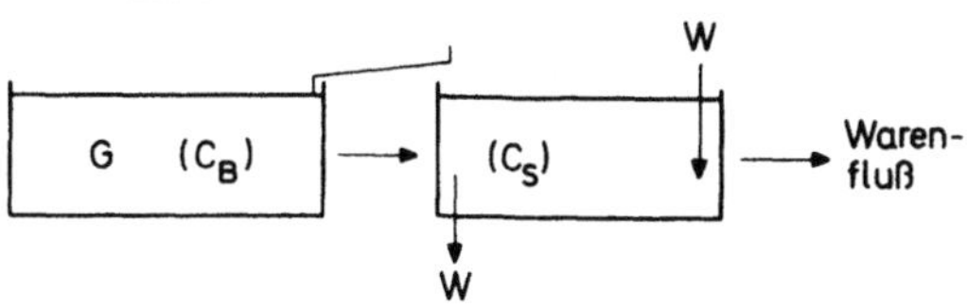

Bild III.2a
Einfacher wasserdurchflossener Spülbehälter

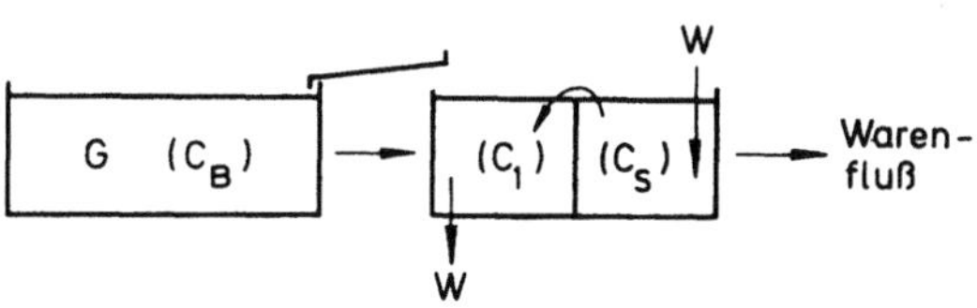

Bild III.2b
Kaskadenspülung mit zwei Behältern

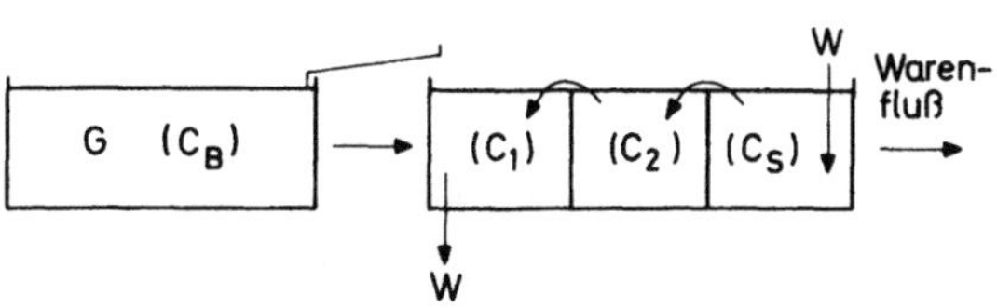

Bild III.2c
Kaskadenspülung mit drei Behältern

Wasserzufluß und Überlauf bzw. Abfluß raumdiagonal getrennt.

2. Kaskadenspülmethode mit zwei und drei Behältern (Bilder III.2b u. c)

Bei zwei oder mehreren, hintereinander geschalteten Spülbehältern ist bei gleichem Spüleffekt der Frischwasserbedarf am geringsten bei der Kaskadenspülmethode. Hierbei fließt das Wasser der Warenbewegung entgegen und von einer Wanne in die nächste über.

Für die Zweistufen-Kaskade gilt: $W = \sqrt{R} \cdot E$

Mit den Zahlen wie zuvor: W = 36 Liter/Stunde

In der ersten Wanne ergibt sich die Konzentration aus:

$$c_1 = \frac{c_B}{1 + \frac{W^2}{E(E + W)}} = 0{,}022 \cdot c_B$$

Für die Dreistufen-Kaskade gilt: $W = \sqrt[3]{R} \cdot E$

Mit den Zahlen wie zuvor: W = 10,8 Liter je Stunde

Für die Konzentrationen der ersten und zweiten Spülwanne gilt:

$$c_2 = \frac{c_B}{1 + \frac{W^2}{E(E+W)} + \frac{W^3}{E^2(E+W)}} \quad \text{und} \quad c_1 = \frac{c_B}{1 + \frac{W^3}{E(E^2+EW+W^2)}}$$

Mit obigen Zahlen wird: $c_2 = 0{,}0055 \cdot c_B$ und $c_1 = 0{,}074 \cdot c_B$.

Zusammenfassung: Für R = 2 000 und E = A = 0,8 *l*/h wird in allen drei Fällen $c_s = 0{,}05$ % von c_B. Der Frischwasserbedarf beträgt jedoch bei:

einem Spülbehälter	1 600 *l*/h
Zweistufenkaskade	36 *l*/h
Dreistufenkaskade	11 *l*/h

Der Spüleffekt ist in allen drei Fällen der gleiche!

Die Konzentrationen des abfließenden Spülwassers betragen bei:

einem Spülbehälter	0,05 % von c_B
Zweistufenkaskade	2,2 % von c_B
Dreistufenkaskade	7,4 % von c_B

Die Kaskadenspülmethode gewinnt vor allem dort Interesse, wo die Möglichkeit und der Wunsch besteht, sich an einer zentralen Entgiftungsanlage zu beteiligen. Dies wird bisher so praktiziert, daß die Spülwässer in Kunststoffbehältern (nach Abwasserart getrennt) aufgefangen, zur Entgiftungsanlage gefahren und dort als sogenannte Halbkonzentrate abgeliefert werden. Die Kosten richten sich nach der angelieferten Literzahl (nicht nach der Schadstoffkonzentration).

Versieht man bei Kaskadenspülung jedes Zuflußventil mit einer Wasserstrahlpumpe, die so dimensioniert ist, daß sie praktisch nur die erforderliche geringe Wassermenge hindurchläßt, so wird die Überwachung der Zuflußmenge erleichtert und infolge der mitgerissenen Luft der Spüleffekt verbessert.

C. Entgiftung, Neutralisation und Schlammabscheidung

1. Mindestanforderungen an das gereinigte Abwasser (Höchstgrenzkonzentrationen)

Tabelle III.1

Stoff bzw. Wert	zulässige Grenzwerte
Absetzbare Stoffe	0,3 ml/*l*
pH-Wert	6,5 . . . 9,0
Chrom (gelöst + ungelöst)	2 mg/*l*
Kupfer (gelöst + ungelöst)	1 mg/*l*
Nickel (gelöst + ungelöst)	3 mg/*l*
Zink (gelöst + ungelöst)	3 mg/*l*
Cadmium (gelöst + ungelöst)	3 mg/*l*
Eisen (gelöst + ungelöst)	2 mg/*l*
Cyanide (durch Chlor zerstörbar)	0,1 mg/*l*
freies Chlor	0,5 mg/*l*
petrolätherextrahierbare Stoffe	10 mg/*l*

Um den Mindestanforderungen gerecht zu werden, müssen die Abwässer der metallverarbeitenden Industrie entgiftet werden, bevor sie weitergeleitet werden. Dies kann in verschiedener Weise erfolgen. Die Abwässer lassen sich durch Ionenaustauscher oder mit Hilfe von geeigneten Chemikalien, die automatisch gesteuert zudosiert werden, aufbereiten. Zur Aufbereitung mit Hilfe von Chemikalien wird wie folgt verfahren: Cyanidische Abwässer werden getrennt von sauren Abwässern gesammelt und durch Zerstören des Cyans entgiftet; chromsäurehaltige Abwässer werden ebenfalls getrennt geführt und das sechswertige Chrom zu dreiwertigem Chrom reduziert. Dann werden alle Galvanikabwässer gemeinsam neutralisiert. Mit dem Neutralisieren fallen die Schwermetalle als Hydroxide in mehr oder weniger fein verteilter Form aus. Flockungszusätze bewirken eine gröbere Verteilung und damit ein rascheres Absetzen. Zum Schluß werden die Schadstoffe in Schlammabsetzbecken oder Schlammabscheidungseinrichtungen vom Abwasser getrennt.

2. Cyanidentgiftung

Die Reaktionsgeschwindigkeiten bei der Cyanidentgiftung sind vom pH-Wert abhängig. Sie sind relativ groß, wenn der pH-Wert über 10,5 liegt. Daher wird das cyanidische Abwasser vor der eigentlichen Entgiftung auf den pH-Wert 11 aufalkalisiert[1]. Zur Entgiftung sind starke Oxydationsmittel erforderlich.

[1]) Die Alkalisierung erfolgt automatisch gesteuert in gleicher Weise wie die Neutralisation des Gesamtabwassers.

In Großanlagen wird am wirtschaftlichsten mit Chlorgas (stark giftig!), bei geringerem Abwasseranfall meistens mit Natriumhypochlorit (Chlorbleichlauge) entgiftet, das Chlor abspaltet. Es laufen folgende Reaktionen ab (Beispiel: Natriumcyanid):

1. $2\,NaCN + 2\,NaOCl + 2\,H_2O = 2\,CNCl + 4\,NaOH$ rascher Verlauf!
   Cyanid Hypochlorit Chlorcyan
2. $2\,CNCl + 4\,NaOH = 2\,NaCNO + 2\,H_2O + 2\,NaCl$
   Na-Cyanat
3. $2\,NaCNO + 3\,NaOCl + H_2O = 2\,CO_2 + N_2 + 3\,NaCl + 2\,NaOH$

Bruttogleichung:

$$2\,NaCN + 5\,NaOCl + H_2O = 2\,CO_2 + N_2 + 5\,NaCl + 2\,NaOH$$

Die Reaktionen verlaufen ziemlich rasch, wenn nur Alkalicyanide oder Zink- und Cadmiumcyanide vorliegen, benötigen jedoch längere Zeiten bei anderen komplexen Cyaniden (bei Eisen- und Nickelcyaniden ca. 24 Stunden!). Die Verweilzeiten werden kürzer, wenn mit Chlorüberschuß (von 5 bis 20 mg/*l*) entgiftet wird. Sie betragen dann für komplexe Kupfercyanide etwa 30 Minuten. Aus Sicherheitsgründen sollte man die dreifache Verweilzeit vorsehen. Komplexe Edelmetall-, sowie Eisen- und Nickelcyanide würden jedoch auch dann unzulässig hohe Chlorüberschüsse von 150 bis 300 mg/*l* benötigen, so daß zu deren Entfernung aus dem Abwasser besser Ionenaustauscheranlagen eingesetzt werden. Ob mit oder ohne Chlorüberschuß entgiftet wird, hängt davon ab, ob der Gehalt an freiem Cyanid (CN-Ionenkonzentration) oder der Chlorionengehalt gemessen wird. Die Steuerung der Entgiftungsmittelzugabe richtet sich nach der Messung.

Die Bruttogleichung läßt erkennen, daß zur Entgiftung von einem Kilomol Cyanid zweieinhalb Kilomol Natriumhypochlorit nötig sind[1]); d.h. um ein Kilogramm Cyanid-Ionen zu zerstören, müssen rund 59 Liter 12-prozentige Chlorbleichlauge zugesetzt werden. Besitzt ein Molekül einer Cyanidverbindung z CN-Ionen, so enthalten x Kilogramm des Cyanids $x \cdot \frac{z \cdot 26}{\text{kmol-Gew.}}$ Kilogramm CN-Ionen. Um das Vorratsgefäß für Chlorbleichlauge nicht zu häufig füllen zu müssen, sollte sein Fassungsvermögen dem Wochenbedarf bis mindestens Tagesbedarf entsprechen.

Als Maß der CN-Ionen- oder der Chlorionenkonzentration dient eine Spannung, die sich zwischen zwei Elektroden einstellt, die in das Abwasser eintauchen. Geeignete Elektrodenpaare sind eine Kalomel- und eine Edelmetallelektrode (Silber oder Gold), wobei die Metallelektrode zeitweise oder

1) Cyanidverluste durch Reaktion mit atmosphärischer Kohlensäure (CO_2-Gas) unter Bildung von Blausäure (HCN) sind nicht berücksichtigt.

kontinuierlich gereinigt werden muß. Eine amalgamierte Silberelektrode mit einer Chlorsilberbezugselektrode mißt die CN-Ionenkonzentration und bedarf keiner mechanischen Reinigung. Die sich einstellende Spannung wird verstärkt und dient zur Regelung der Entgiftungsmittelzugabe. Die Regelung kann durch ein Magnetventil als „Auf-zu"-Regelung erfolgen oder für den Großbetrieb über ein Stellglied und Membranventil als sogenannte PID-Regelung[1]), wobei das Öffnen und Schließen des Ventils umso rascher erfolgt, je weiter der Istwert der Anzeige vom Sollwert entfernt liegt.

3. Chromreduktion

Damit Chrom als Hydroxid ausgefällt werden kann, muß es vom sechs- zum dreiwertigen Zustand reduziert werden. Als Reduktionsmittel eignet sich z. B. Natriumpyrosulfit, Natriumbisulfit oder im Großbetrieb Schwefeldioxidgas. Die Reaktionsgleichung lautet (stöchiometrisch): z. B. für Natriumbisulfit ($NaHSO_3$):

$$4\,H_2CrO_4 + 6\,NaHSO_3 = 2\,H_2Cr_2O_4 + 3\,Na_2SO_4 + 3\,H_2SO_4 + 2\,H_2O$$

für Schwefeldioxid (SO_2):

$$2\,H_2CrO_4 + 3(SO_2 + H_2O) = H_2Cr_2O_4 + 3\,H_2SO_4 + H_2O$$

Die Chromreduktion ist auch mit Hilfe von Eisensulfat ($FeSO_4$) möglich, das als Beizrückstand anfällt. Auch hierbei muß Schwefelsäure zugesetzt werden. Nachteilig wirkt sich die Störung der Eisenionen auf die Potentialmessung aus und ein erhöhter Schlammanfall durch das Eisenhydroxid. Die stöchiometrisch erforderliche Eisensulfatmenge muß meistens erheblich überschritten werden (bis zur dreifachen Menge). Bei einer automatisch gesteuerten Chromreduktion wird besser nicht mit Eisensulfat reduziert.

Die Reduktion läuft rasch ab, wenn der pH-Wert auf mindestens 2,5 herabgesetzt ist. Hierzu wird technische Schwefelsäure automatisch gesteuert zugesetzt. Die pH-Messung und -Regelung erfolgt wie bei der Neutralisation.

Bei einer Schwefeldioxidanlage ist zu beachten, daß das Gas in der Kälte schwer flüchtig ist. Die Gasflasche muß im Winter eventuell erwärmt werden[2]). Ferner wird das Gas zweckmäßig über eine Schleife von 10 Meter Höhe in das Reduktionsbecken geleitet, um zu vermeiden, daß Abwasser angesaugt wird, wenn sich das Gas in der Vorratsflasche abkühlt.

---

[1]) PID = Proportional-Integral-Differential (-Regelung).

[2]) Z. B. durch eine über die Gasflasche gestülpte Heizspirale.

Zur Reduktion von 1 kg Chromsäure, bezogen auf CrO_3 benötigt man (stöchiometrisch):

rund 1,6 kg Natriumbisulfit + 0,75 kg Schwefelsäure oder
rund 1 kg Schwefeldioxid oder
0,95 kg Natriumpyrosulfit + 1 kg Schwefelsäure.

Zur Reduktion genügen Verweilzeiten von 15 Minuten. Im gleichen Behälter, der etwa ein Viertel der stündlich anfallenden, chromhaltigen Abwassermenge faßt, wird angesäuert und reduziert. Eine Nachreaktion ist nicht erforderlich.

Sinkt der Gehalt an sechswertigem Chrom von 0,1 auf 0,0 Milligramm je Liter, so stellt sich z. B. zwischen einer Gold- und einer Chlorsilber- oder Kalomelelektrode ein Potentialabfall von etwa 200 Millivolt ein[1]), der zur Messung und Regelung der Reduktion dient.

4. Neutralisation

Das entgiftete, zuvor cyanidische Abwasser, das nur noch dreiwertige Chromsäure enthaltende Abwasser und die übrigen sauren und alkalischen Abwässer werden gemeinsam neutralisiert. Dabei fallen die gelösten Schwermetalle als Hydroxide bzw. schwer lösliche, basische Salze aus. Tabelle III.2 enthält einige pH-Werte, bei denen Metalle ausfallen.

Tabelle III.2: Fällungs-pH-Werte (Mindestwerte):

Metall	Al^{3+}	Fe^{3+}	Cr^{3+}	Cu^{2+}	Ni^{2+}	Zn^{2+}	Cd^{2+}
pH-Wert	5,5	4,0	6,5	7,5	7,6	8,5	9,6

Überwiegend saure Abwässer werden bei kleineren Mengen meistens mit technischer Natronlauge neutralisiert, wenn keine Fluoride bzw. Flußsäure anwesend sind. In Großanlagen und bei flußsauren Abwässern wird mit Kalkmilch neutralisiert. Hierzu sind Kalkmilchaufbereitungsanlagen erforderlich. Sie bestehen aus einem Mischbehälter, in dem Kalkpulver mit Wasser innig vermischt wird, und einem Langsamförderer (z. B. Schneckenförderer), der jeweils die Kalkmenge in den Mischbehälter fördert, die zur Neutralisation in Form von Kalkmilch entnommen wird.

Beispiele für Neutralisationsgleichungen:

$HCl + NaOH = NaCl + H_2O$; $H_2SO_4 + 2\,NaOH = Na_2SO_4 + 2\,H_2O$

Nickelausfällung: $NiSO_4 + 2\,NaOH = Ni(OH)_2 + Na_2SO_4$

$2\,NH_4F + CaO + H_2O = CaF_2 + 2\,NH_4OH$ (Calciumfluoridfällung)

---

[1]) Eisen- und Kupferionen stören die Messungen und sind möglichst fernzuhalten. Steigt der Cr^{6+}-Gehalt über 0,1 mg/l an, so steigt das Potential ebenfalls langsam an. Der Potentialsprung erfolgt mit dem Abfall der Konzentration unter 0,1 mg/l.

Überwiegend alkalische Abwässer werden mit technischer Schwefelsäure neutralisiert. Ist das Gesamtabwasser zeitweise sauer und zeitweise alkalisch, so müssen beide Neutralisationseinrichtungen vorhanden sein, wobei vermieden werden muß, daß sich die Neutralisationsmittelzugaben gegenseitig ausregeln.

Zur Neutralisation genügt eine Verweilzeit von etwa 5 Minuten im Reaktionsbehälter und etwa 10 Minuten im Nachreaktionsbehälter. Wird Doppelregelung verlangt, so werden dem Nachreaktionbecken ein Becken zur sauren und ein Becken zur alkalischen Neutralisationsreaktion vorgeschaltet.

Zur Neutralisation wird die pH-wertabhängige Spannung zwischen der Glas- und der Kalomelelektrode einer Elektrodenmeßkette gemessen und zur Steuerung des Neutralisationsmittelzulaufs benutzt. Als Sollwert wird gewöhnlich der pH-Wert 8,5 eingestellt. Je nach Größe der Anlage wird sie mit einem Magnetventil ausgerüstet, das öffnet und schließt, oder mit Stellglied und Membranventil entsprechend einer PID-Regelung.

Bild III.3 zeigt schematisch eine Entgiftungsanlage für 12 m^3/h Gesamtabwasser. In allen Becken wird der Inhalt kräftig durchmischt entweder mittels Druckluft (nur für Anlagen im Freien) oder durch Schnellrührer. Die Rührer sind so zu bemessen, daß der Beckeninhalt etwa dreimal je Minute umgewälzt wird. Die Becken werden ins Freie entlüftet. In Behälter I wird auf pH = 10,5 oder höher aufalkalisiert, in Becken II wird das Cyanid zerstört. Da das entstehende Chlorcyan leicht flüchtig ist, soll der Cyanidgehalt des Abwassers 1 *g/l* nicht übersteigen. In Becken III findet als Nachreaktion die Zerstörung der letzten Cyanidreste statt. Im Becken IV wird das Chrom reduziert, wobei im gleichen Becken auf pH = 2,5 oder niedriger angesäuert wird. In Becken V werden alle Abwässer gesammelt und dort oder in Becken VI neutralisiert, d. h. auf den am Ort geforderten pH-Wert gebracht. Becken VII dient der Nachreaktion. Von dort wird das Abwasser zur Schlammabscheidung geleitet. Das Wasser fließt jeweils von oben ein und an der schräg gegenüber liegenden Ecke von unten her durch ein PVC-Rohr aus.

5. Schlammabscheidung

Die mit der Neutralisation ausgefällten Schwermetallhydroxide oder basischen Salze bzw. alle absetzbaren Stoffe werden in einem Absetzbecken vom Wasser mehr oder weniger gut getrennt. Besonders ungünstig sind kolloidale [1]) Fällun-

---

[1]) Kolloide sind submikroskopisch kleine Molekülaggregate, die sich kaum absetzen und nur mit abwassertechnisch unwirtschaftlichen Kolloidfiltern filtrieren lassen.

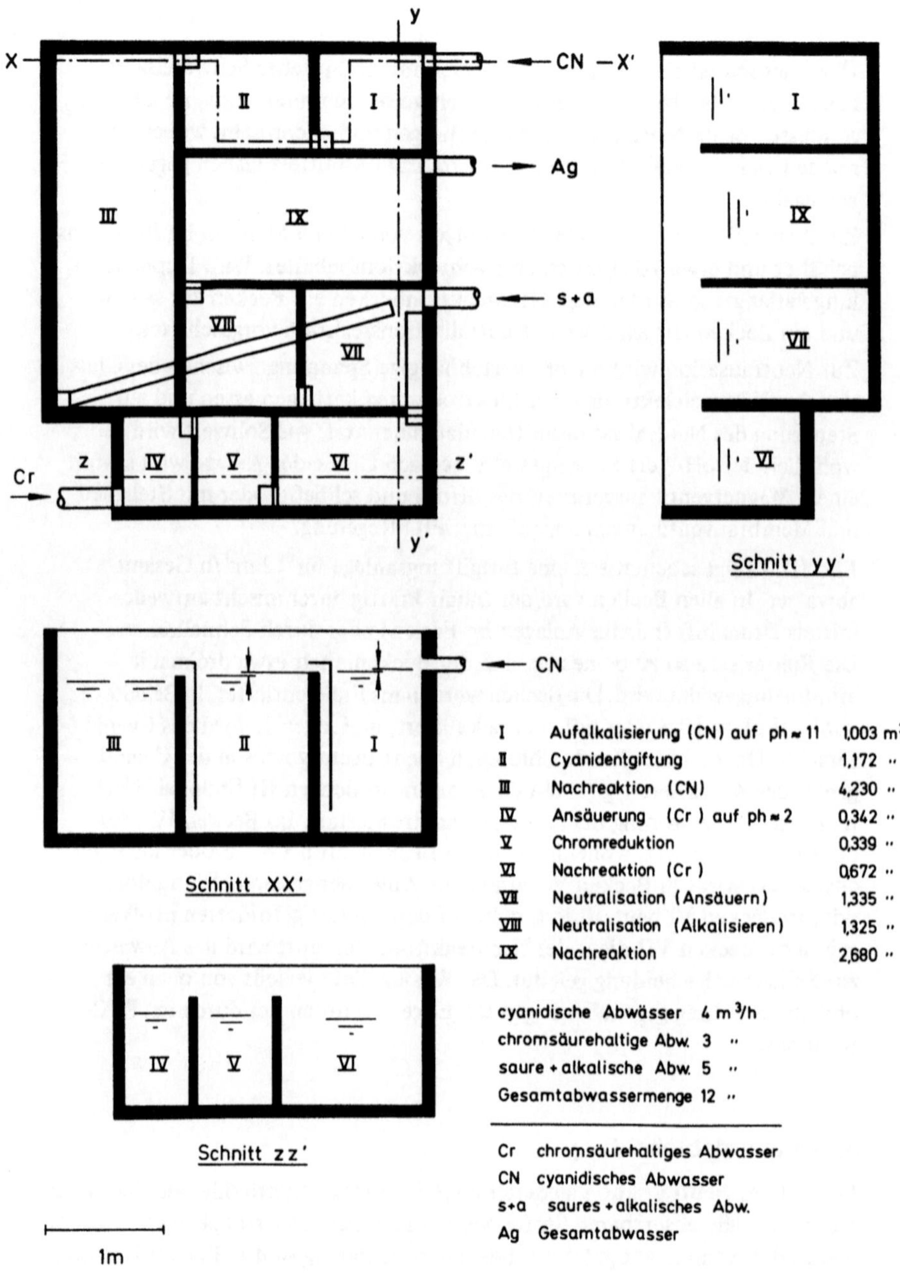

Bild III.3. Beispiel einer Entgiftungeinrichtung für 12 Kubikmeter je Stunde Gesamtabwasser, bestehend aus cyanidischen, chromhaltigen und sauren und alkalischen Abwässern für potentiometrisch gesteuerte, automatische Entgiftung (schematische Darstellung)

gen, die gerne bei Eisen- und Chromhydroxiden auftreten. Mehrere Arten von Metallhydroxiden wirken oft beschleunigend auf die Sedimentation. Glanz- und Netzmittel galvanischer Glanzbäder wirken sedimentationsverzögernd. Setzt man (der Durchmischung wegen im Neutralisationsbecken) organische Flockungsmittel zu (meist 1 bis 5 g/m^3), so lassen sich gröbere Fällungen erreichen; der Schlamm setzt sich rascher ab, enthält weniger Wasser und wird u. U. filtrierfähig.

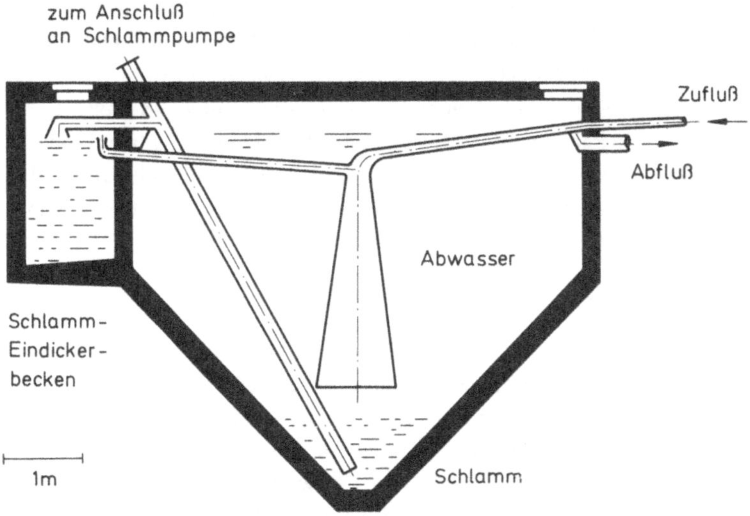

Bild III.4. Schematische Darstellung eines trichterförmigen Schlammabsetzbeckens („Dortmunder Becken")

Schlammabsetzbecken können die Form eines Langbeckens haben oder trichterförmig ausgeführt sein. Langbecken mit schrägem Boden, der zum Pumpensumpf hin geneigt ist, benötigen einen Schlammschieber, der vor dem Schlammpumpen, die abgesetzten Feststoffe zum Pumpensumpf schiebt. Nur wenn die Bodenabschrägung mindestens etwa 60° gegen die Horizontale bildet, rutscht der Schlamm von selbst ab. Dies läßt sich durch eine Höckerform des Bodens erreichen, wobei der Schlamm von Zeit zu Zeit aus jeder Vertiefung herausgesaugt werden muß.

Bild III.4 zeigt schematisch die häufig verwendete Trichterform des sogenannten „Dortmunder Beckens". (Mit einem Fassungsvermögen von 70,5 m^3 ergibt sich für 12 m^3/h Abwasseranfall eine Verweilzeit von fast 6 Stunden.) Das Abwasser fließt in ziemlicher Tiefe zu und über ein rundherum laufendes Wehr wieder ab. Der Schlamm, der sich im Bodenteil des Trichters sammelt, wird von Zeit zu Zeit in ein Eindickerbecken gesaugt, wo durch natürliche Waserverdunstung eine gewisse Eindickung erfolgt. Die Trichterform hat den Vorteil, daß das gesamte Volumen zur Verweilzeit in Rechnung gesetzt werden kann. Der Abfluß erfolgt gleichmäßig über das gezahnte Wehr am oberen Beckenrand, wenn dieses exakt horizontal ausgerichtet ist (z. B. mit Hilfe von gezahnten Blechstreifen).

Um bei Langbecken zu verhindern, daß das zufließende Wasser einfach an der Oberfläche fließt, werden nach dem Einfluß und vor dem Abfluß über die Beckenbreite reichende Schikanebretter eingesetzt, die das Wasser herunterdrücken. Der Ein- und Abfluß läßt sich auch durch Rohre bewerkstelligen, die, orgelpfeifenartig angeordnet, in verschiedenen Tiefen enden und gewährleisten, daß die ganze Beckenbreite ausgenutzt wird.

Nicht eingedickter Schlamm hat einen Wassergehalt von etwa 98 Prozent. Mittels Filterpresse kann soweit entwässert werden, daß der Schlamm nur noch einen Wassergehalt besitzt, wie er sich im feuchten Erdreich vorfindet; er läßt sich dann mit Lastkraftwagen wegfahren. Die zu befördernde Menge kann somit auf 1/20 bis 1/25 herabgesetzt werden.

6. Entgiftung durch Ionenaustauscher

In Ionenaustauschern werden, wie der Name sagt, Ionen gegenseitig ausgetauscht, zur Entgiftung: schädliche Ionen gegen unschädliche. Der Austausch kann in mehreren Stufen soweit getrieben werden, daß zum Schluß Metallionen und Ammoniumionen (NH_4^+) gegen Wasserstoffionen (H^+) und Säurerestionen gegen Hydroxylionen (OH^-) ausgetauscht werden, so daß sehr reines Wasser erzeugt wird, das mehrfach destilliertem Wasser entspricht.

Die Austauscherharze bestehen aus einem stabilen Grundgerüst aus Kondensationsharzen[1]) vom Bakelite-Typus oder aus Polymerisationsharzen[2]) vom Polystyrol-Typus. Das Grundgerüst, die sogenannte „Matrix“ enthält sauer oder basisch reagierende Gruppen, die fähig sind, Kationen (K^+) oder Anionen (A^-) auszutauschen.

Die deutschen Ionenaustauscherharze besitzen als Matrix (M) meistens Polystyrol, das mit Divinylbenzol vernetzt ist. Sie unterscheiden sich durch den Vernetzungsgrad, der höher sein muß, wenn erhöhte Oxydationsbeständigkeit verlangt wird wie z. B. gegen Chromsäure.

An der Matrix hängende saure Gruppen wie die Sulfonsäuregruppe ($-SO_3H$) oder die schwächer saure Gruppe ($-COOH$) befähigen zum Kationenaustausch. Als basische Austauscher dienen meistens Aminogruppen, wobei die Basizität von der Wahl des Substituenten abhängt und damit dem Verwendungszweck angepaßt werden kann.

---

[1]) Siehe Bd. „Oberflächenschutzschichten und Oberflächenvorbehandlung“ III.A.2a).

[2]) Siehe gleichen Band wie bei [1]) III.A.2c).

Eine Austauschreaktion kann z. B. folgendermaßen verlaufen:

$$(M \cdot SO_3)^- \cdot H^+ + K^+ = (M \cdot SO_3)^- \cdot K^+ + H^+$$

Soll ein Kation z. B. Natrium nicht ausgetauscht werden, so enthält die Matrix anstelle der Sulfonsäure deren Natriumsalz ($-SO_3Na$).

Glanz- und Netzmittel galvanischer Bäder sind meistens höhermolekulare organische Verbindungen, die oft ionogene Eigenschaften besitzen. Sie können die aktiven Stellen des Austauschers blockieren und sind infolge ihrer Größe in der Lage, der Rückspülflüssigkeit den Zutritt zur inneren Oberfläche zu verwehren und damit das Regenerieren der Austauschermasse zu verhindern. Dies wird vermieden, indem man großporige Ionenaustauscher mit schwammartiger Porenstruktur einsetzt.

Die Ionenaustauscher werden von oben nach unten vom Abwasser durchströmt. Zuerst werden die Kationen gegen die äquivalente Menge Wasserstoffionen und dann die Anionen gegen die äquivalente Menge Hydroxylionen (OH^-) ausgetauscht. Weniger beständige komplexe Salze wie Alkali-, Zink- oder -Cadmiumcyanide werden wie einfache Salze behandelt. Das Gleichgewicht gemäß:

$$K_2Zn(CN)_4 \leftrightharpoons 2\,K^+ + Zn(CN)_4^{2-} \leftrightharpoons 2\,K^+ + Zn^{2+} + 4\,CN$$

wird durch Austausch der Kalium- und Zinkionen stets nach rechts verschoben, bis – genügende Verweilzeit im Austauscher vorausgesetzt – alle Metallionen aus dem Abwasser entfernt sind, auch wenn anfangs die linke Seite stark überwiegt.

Bei den beständigeren Cyankomplexen des Kupfers oder gar von Eisen und Nickel wird im Kationenaustauscher nur das Alkali-Ion ausgetauscht. Hierbei kann teilweise Metallcyanid fein verteilt ausfallen und im Kationenaustauscher zurückgehalten werden. Es wird beim Regenerieren wieder gelöst. Im nachfolgenden schwachbasischen Anionenaustauscher werden die verbleibenden Metallcyanosäuren zurückgehalten. Entstehende Blausäure (HCN) kann nur in stark basischen Austauschern festgehalten werden; ein solcher muß in diesem Fall noch zusätzlich nachgeschaltet werden.

Ist die Austauschermasse mit Fremdionen gesättigt, so wird zunächst die Flüssigkeitsstromrichtung umgekehrt. Durch dieses „Rückspülen" wird die Austauschermasse aufgewirbelt und staubförmige Feststoffteilchen aus dem Harzbett entfernt. Durch das immer wieder erfolgende Auflockern wird der Druckabfall innerhalb des Austauschfilters gering gehalten. Das Rückspülen kann mit Abwasser vorgenommen werden. Nach dem Rückspülen werden Kationenaustauscher mit verdünnter Salz- oder Schwefelsäure, Anionenaustauscher meist mit verdünnter Natronlauge wieder regeneriert, wobei die

Lösungen wieder von oben nach unten strömen. Die Regeneriersäure kann mehrfach verwendet und damit nahe beim stöchiometrischen Bedarf gehalten werden.

Das Regenerat der cyanidbeladenen Austauschmassen wird getrennt von dem der cyanidfreien aufgefangen. Die Regenerate weisen wesentlich höhere Giftstoffkonzentrationen auf als die Abwässer. Cyanidentgiftung und Neutralisation werden als Standentgiftung mit den im vorhergehenden Abschnitt genannten Mitteln durchgeführt, wobei kräftig durchmischt wird. Anschließend kann sich der Schlamm absetzen. Hierzu steht genügend Zeit zur Verfügung. Die überstehende Flüssigkeit kann dann abgelassen werden. Das Ionenaustauscher-Verfahren macht also eine Entgiftung und Neutralisation, sowie die Schlammbeseitigung nicht überflüssig.

Nach der Regenerierung werden die Austauscher mit reinem Wasser durchgespült und können dann wieder neu beladen werden. Zusammenfassend besteht der Arbeitszyklus aus:

Beladen – Rückspülen – Regenerieren – Auswaschen.

Das derart gereinigte Abwasser wird im Kreislauf in den Betrieb zurückgeführt. Lediglich die Verluste durch Verdunsten und die Regeneratmengen sind zu ersetzen, wenn zur Verdünnung von Regenerier-Flüssigkeit Abwasser verwendet wird.

Die benötigte Masse an Austauscher-Harz bzw. ihr Volumenbedarf hängt von der „nutzbaren Volumen-Kapazität" (NVK) der Austauschermasse ab, die unter festgelegten Betriebsbedingungen erreicht wird. Für den Austauschvorgang errechnet sich der Volumenbedarf mit V_m = Ionenaustauscherharzvolumen in Liter, V_w = Gesamtabwassermenge in m^3, C = Konzentration auszutauschender Ionen in mval/l (mval = Millival) Abwasser und K = NVK in val/V_m, wie folgt:

$$V_m = \frac{V_w \cdot C}{K}.$$

Ist damit das Austauscher-Harz-Volumen festgelegt, so muß nach einer Zeit jeweils regeneriert werden, die sich errechnet aus:

$$t = \frac{V_w}{v_w},$$

wenn v_w Abwassermenge in m^3/h; t Zeit in Stunden.

Zahlenbeispiel: $V_w = 160\ m^3$; $C = 2$ mval/l; $K = 1{,}3$ val/l: $V_m = 246\ l$
$v_w = 10\ m^3/h$: $t = 16$ h

Bild III.5 zeigt schematisch eine Ionenaustauscheranlage.

In letzter Zeit wurden verfahrenstechnisch beachtliche Fortschritte gemacht. Ältere Anlagen arbeiten nach dem *Gleichstromprinzip;* d. h. das Wasser fließt während des Betriebs von oben nach unten durch die Austauschermassen, und für die Regenerierung wird die gleiche Durchflußrichtung gewählt. Hierbei wird unter Umständen der untere Bereich der Austauschermasse nicht mehr ausreichend regeneriert. Dies kann ein vorzeitiges „Durchbrechen" verursachen, d. h. der Austausch findet nicht mehr ordnungsgemäß statt. Nachteilig ist es ferner, daß die aus Glanz- und Netzmittelzusätzen stammenden großen organischen Ionen, die sich im oberen Drittel des Austauschers festsetzen, beim Regenerieren durch die übrige Austauschermasse gedrückt werden müssen.

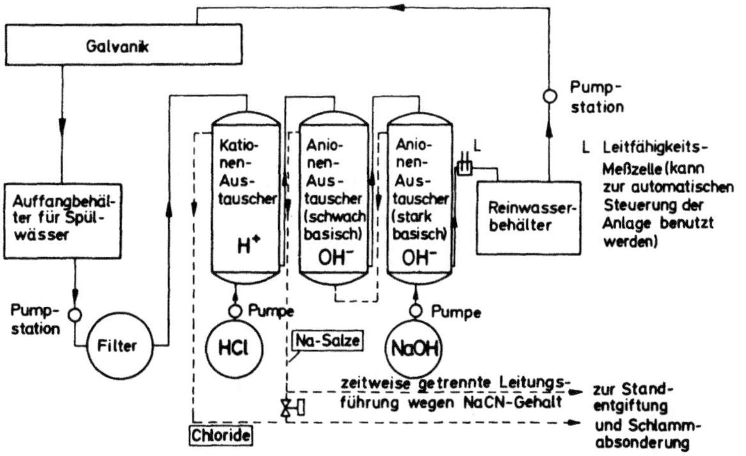

Bild III.5. Schematische Darstellung einer Ionenaustauscheranlage zur Kreislaufführung galvanischer Abwässer im Gegenstromverfahren

Neuere, nach dem *Gegenstromprinzip* arbeitende Anlagen stellen eine merkliche Verfahrensverbesserung dar. (Bild III.5) Hierbei fließt das Wasser beim Betrieb von oben nach unten wie vorher; die Regeneration erfolgt jedoch in umgekehrter Flußrichtung von unten nach oben. Die zuvor genannten Nachteile werden dadurch vermieden. Insbesondere wird die Austauschermasse im unteren Bereich vollständig regeneriert. Hierdurch wird der „Schlupf" stark herabgesetzt. (Man versteht hierbei unter Schlupf ein Durchbrechen von Natriumsalzen, die dadurch entstehen, daß Säure (HCl, H_2SO_4, HNO_3) im unteren Teil sich mit nicht regeneriertem Natrium umsetzen.)

Ein Zahlenvergleich veranschaulicht den Vorteil des Gegenstromprinzips (beide Anlagen wurden in gleicher Weise beladen)[1]):

	Gleichstromverfahren	Gegenstromverfahren
Schlupf	15 mg/l Natrium	0,15 g/l Natrium
Leitfähigkeit als Maß für die Wasserreinheit	200 μS/cm	4...10 μS/cm [2])
Regeneriermittelverbrauch für saure Austauscher	150...250 % der Theoriewerte	130 % der Theoriewerte
Regeneriermittelverbrauch für basische Austauscher	350 % der Theoriewerte	125 % der Theoriewerte
Eigenwasserverbrauch	22 m³	12 m³

Das Gegenstromverfahren wurde erst ermöglicht, als es gelungen war, ein Umschichten des Austauscherbettes durch den Gegenstrom zu verhindern. Hierfür gibt es einige Verfahren, auf die im einzelnen nicht eingegangen wird. Sie sind bekannt als „Preßbett-Verfahren“, „Schwebebett-Verfahren“ und „Gegenstrom – H + E-Verfahren“.

Beim *kontinuierlichen Verfahren* als neuestem Ionenaustauscher Verfahren zur Entgiftung werden die Beladung und Regenerierung verschiedener Austauschermassen der Anlage gleichzeitig durchgeführt. Als Vorteil ergibt sich ein wesentlich geringerer Bedarf an Austauschermasse und damit an Raum, sowie eine Einsparung an Regenerierchemikalien und Wasser.

Ein Entgiftungsverfahren, das besonders bei hohen Salzgehalten Vorteile verspricht, ist das Verfahren der umgekehrten Elektroosmose in Verbindung mit einem Ionenaustauscher. Hierbei wird das Abwasser mit 15...40 atü durch Osmosezellen gedrückt.

Trennt man z. B. reines Wasser und eine Salzlösung durch eine halbdurchlässige (semipermeable) Wand, d. h. eine Wand, die die Wassermoleküle hindurchläßt, während sie die Salzmoleküle zurückhält, so wird sich die Salzlösung verdünnen, da der Diffusionsvorgang zum Zwecke des Konzentrations-

---

[1]) Nach *Marquardt* „Galvanotechnik“ 62.785 (Heft 9, 1971).

[2]) Spezifische Leitfähigkeit $\sigma = \frac{1}{\rho}$; gemessen in $\frac{1}{\Omega\text{cm}}$; ρ = spezifischer elektrischer Widerstand; $\frac{1}{\Omega\text{cm}} = \frac{\text{Siemens}}{\text{cm}}$ $(\frac{\text{S}}{\text{cm}})$, $1\,\mu\text{S} = 10^{-6}\,\text{S}$.

ausgleichs sich einseitig auswirken kann. Diesen Vorgang nennt man Osmose bzw., wenn er mit Hilfe des elektrischen Stromes erreicht wird, Elektroosmose. Dieser sonst irreversible (nicht rückführbare) Prozeß kann in umgekehrter Richtung verlaufen, also bis zu einem gewissen Grade reversibel gemacht werden, wenn auf der Seite der Salzlösung hoher Druck einwirkt.

Das Wasser wird dabei in umgekehrter Richtung durch die semipermeable Wand gedrückt, so daß die Salzlösung konzentrierter wird, während entsalztes Wasser gewonnen wird, das im Kreislauf zu den Spülbädern zurückgeführt wird. Das Verfahren eignet sich, wenn Salzgehalte von 1000...15000 mg/l vorliegen. Werte in dieser Höhe kommen in normalen Galvanikspülwässern jedoch nicht vor.

IV. Prüfmethoden

Der Umfang des Buches gestattet es nicht, auf alle Prüfmethoden einzugehen, bzw. die Prüfmethoden ausführlich zu behandeln. Es werden nur einige herausgegriffen.

A. Zerstörungsfreie Verfahren

1. Hullzellenprüfung galvanischer Niederschläge (nach DIN 50957)

Bild IV.1 zeigt den Grundriß einer Hullzelle mit den Maßangaben für die 250-ml-Zelle und die 1-l-Zelle. Das als Kathode geschaltete Prüfblech steht schräg zur Anode, so daß sich bei konstant gehaltener Stromstärke I des die Hullzelle durchfließenden Stromes unterschiedliche kathodische Stromdichten einstellen. Man erhält somit den galvanischen Niederschlag in seiner Beschaffenheit als Funktion der Stromdichte. Die Stromdichte S (in A/dm^2) läßt sich nach der empirischen Formel berechnen:

für die 250-ml-Zelle: $S = I \cdot (5{,}1019 - 5{,}2401 \cdot \log x)$
für die 1-l-Zelle: $S = I \cdot (3{,}2557 - 3{,}0451 \cdot \log x)$
(x Abstand vom Punkt A in cm).

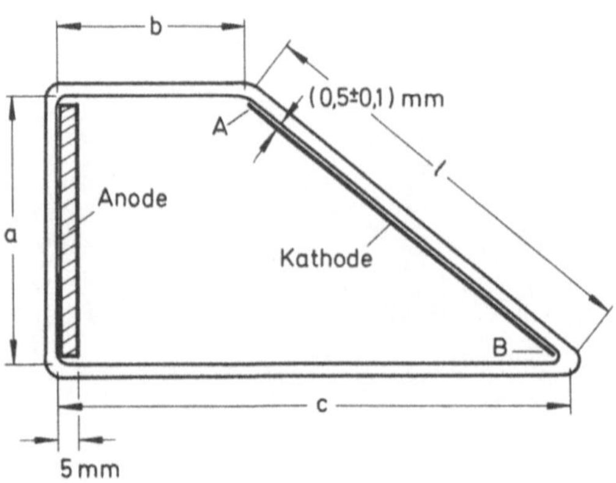

	250-ml-Zelle	1-l-Zelle
a	= 64 mm	= 85 mm
b	= 48 mm	=120 mm
c	=127 mm	=212 mm
l	=102 mm	=127 mm
$\overline{AB}$	=100 mm	=125 mm

Bild IV.1. Hullzelle, schematische Grundrißdarstellung nach DIN 50 957

Bild IV.2 enthält Kurven gleicher Stromdichten. Mit ihrer Hilfe lassen sich die Stromdichten sofort auf ein Prüfblech übertragen. Man legt hierzu das

Blech in Höhe der Stromstärke des Hullzellen-Stromes an das Auswerteblatt an (x = 0 fällt auf die Kante A). Der Gültigkeitsbereich erstreckt sich von $x_1 = 0{,}635$ bis $x_2 = 8{,}255$ cm.

Völlige Übereinstimmung der so ermittelten Stromdichteverteilung mit der wirklichen Stromdichteverteilung auf dem Prüfblech ist jedoch nicht zu erwarten, da die Leit- und Streufähigkeit der verschiedenen galvanischen Bäder sehr unterschiedlich sein kann [1]). Nach DIN 50957 sollen die Galvanisierzeiten für Chrom 4 Minuten, für alle anderen Metallbelegungen 15 Minuten betragen. Die Stromstärke I wählt man zweckmäßig so groß, daß die Arbeitsstromdichte des betreffenden Bades etwa in die Mitte des Prüfblechs zu liegen kommt (I zahlenmäßig etwa $0{,}7 \cdot S_B$; S_B Arbeitsstromdichte).

Als Prüfblech wird meistens ein Messingblech genommen, das einseitig geschliffen und poliert worden ist. Zur Untersuchung eines Messingbades kann das Blech vorher vernickelt werden. Es besitzt dann in jedem Fall eine andere Farbe als das Abscheidungsmetall.

Mit Hilfe von Hullzellenuntersuchungen lassen sich Abscheidungsfehler durch Badverunreinigungen sichtbar machen, wie sie für die einzelnen Verunreinigungen in bestimmten Stromdichtebereichen spezifisch sind. Man gibt hierbei zu je 250 ml Badlösung die Verunreinigung in bekannten Konzentrationen. So verschafft man sich einen gewissen Überblick und kann u. U. sofort Art und Konzentration einer Verunreinigung im galvanischen Bad angeben, wenn im Betrieb unerwünschte Abscheidungsformen auftreten.

Auch die Wirksamkeit von Glanzmitteln in deren wirksamen Stromdichtebereichen lassen sich einzeln untersuchen und feststellen, nach welcher Belastung in Amperestunden Glanzermüdung eintritt, und wieviel Glanzmittelzusatz (für jede Komponente) zur Regeneration erforderlich ist. Zur Erläuterung diene ein Zahlenbeispiel:

Ein galvanisches Bad enthält V = 2000 Liter. Die mittlere Betriebsstromstärke beträgt I = 500 Ampere.

Die Badlösung in einer 250-ml-Hullzelle, die mit $I_z = 2$ A betrieben wird, zeige nach $t_z = 45$ Minuten = 0,75 Stunden (h) Glanzermüdung, also nach einer Belastung von 1,5 Amperestunden.

Im 2000-l-Bad ist also nach $1{,}5 \cdot 4 \cdot 2000 = 12000$ Amperestunden, d. h. nach $12000 : 500 = 24$ Betriebsstunden eine entsprechende Glanzermüdung zu erwarten.

Durch Versuch wird festgestellt, daß die Hullzellenlösung zur Glanzregeneration x ml Glanzzusatz benötigt. Das 2000-l-Bad benötigt dann nach 24 Betriebsstunden an Glanzmittelzusatz $4 \cdot 2000 \cdot x$ ml $= 8 \cdot x$ Liter. Zweckmäßig wird man nach je 3 Betriebsstunden x Liter Glanzmittel zusetzen.

(Allgemein: x Liter Glanzzusatz nach $t' = \dfrac{1000\, I_z \cdot t_z}{I}$ Betriebsstunden.)

[1]) Die Abweichungen sind jedoch nicht sehr groß.

250-ml-Zelle

I Stromstärke des Hullzellenstromes

Gültigkeitsbereich:

von $x_1 = 0{,}635$ cm

bis $x_2 = 8{,}255$ cm

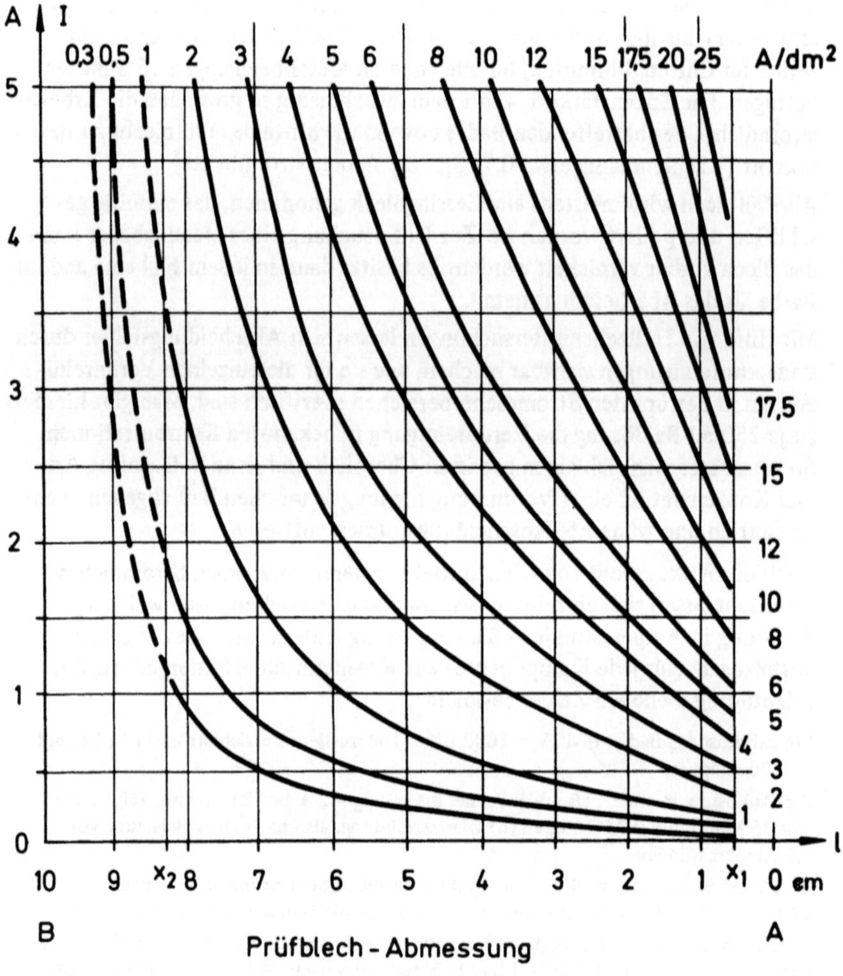

Bild IV.2. Auswerteblatt für die Hullzellenuntersuchung. I als Funktion des Abstandes x mit der Stromdichte S als Parameter.

Man erhält die Stromdichteverteilung auf dem Prüfblech, indem man es in Höhe der Stromstärke, die bei der Prüfung eingestellt war, auf das betreffende Auswerteblatt legt und die Schnittpunkte mit den Stromdichtekurven auf das Prüfblech überträgt.

1-I-Zelle

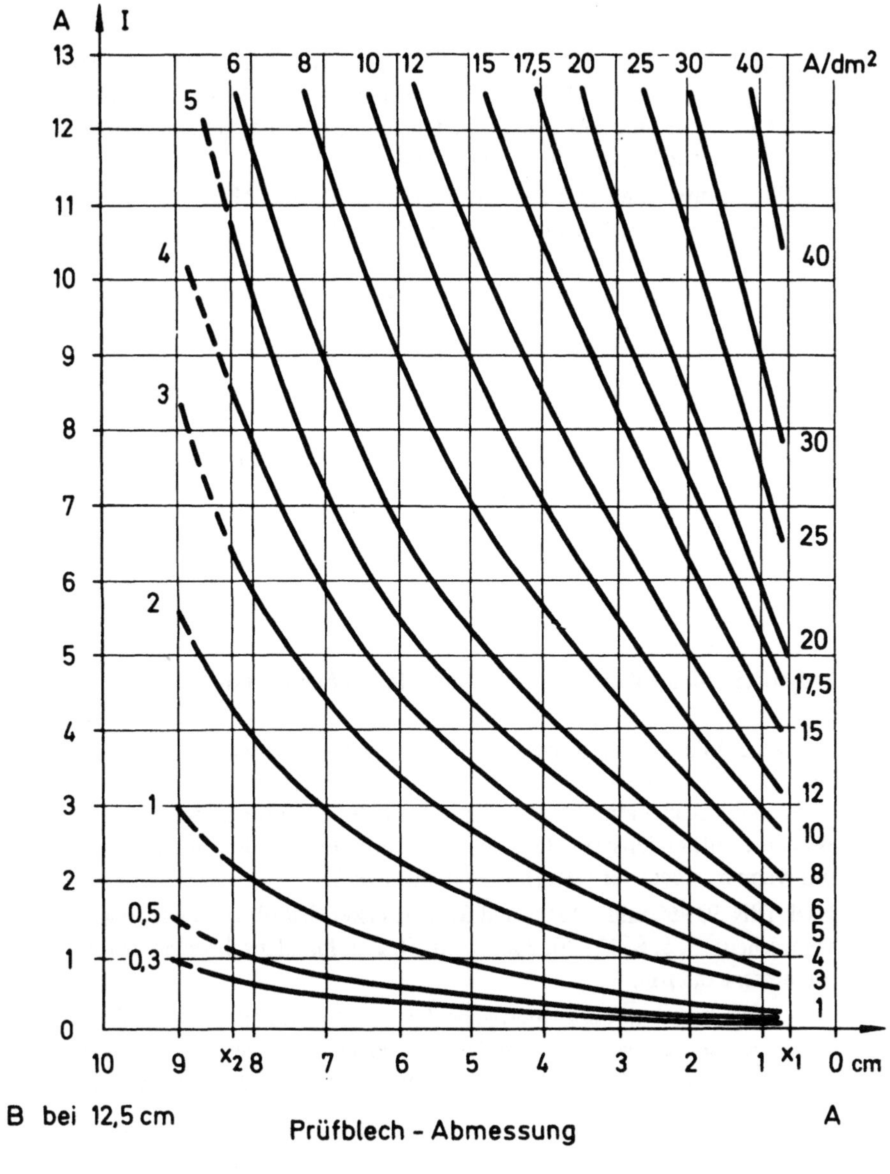
A
I
13
12
11
10
9
8
7
6
5
4
3
2
1
0
6 8 10 12 15 17,5 20 25 30 40 A/dm²
5
4
3
2
1
0,5
0,3
40
30
25
20
17,5
15
12
10
8
6
5
4
3
1
10 9 x2 8 7 6 5 4 3 2 1 x1 0 cm
l
B bei 12,5 cm
Prüfblech - Abmessung
A

Die Untersuchung läßt sich für jede Glanzmittelkomponente durchführen. Wenn auch das Rechenergebnis gemäß der Betriebserfahrung korrigiert werden muß, so liefert die Untersuchung den ersten Anhaltspunkt.

Um die Temperatur in der Hullzelle konstant zu halten, bedient man sich einer doppelwandiger Zelle, wobei die Temperatur der die Zelle umgebenden Flüssigkeit durch einen Thermostaten konstant gehalten wird. Eine Bad- oder Warenbewegung läßt sich am besten simulieren, indem man dicht vor der Anode einen Glasstab hin und her bewegt.

Bild IV.3 enthält die Fehlerzeichen zur Darstellung der Abscheidungserscheinungen, die sich auf dem Prüfblech zeigen.

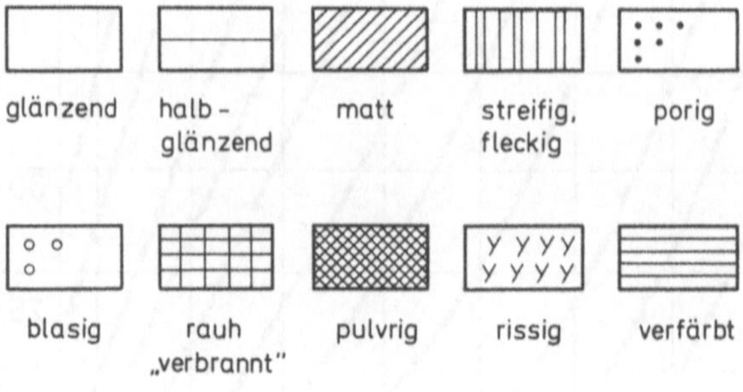

Bild IV.3
Fehlerzeichen nach DIN 50 957 zur Hullzellenuntersuchung

2. Schichtdickenbestimmung nach dem Wägeverfahren

Die Schichtdicken eines galvanischen Niederschlags richten sich nach der Verwendung des Werkstückes: in der Außenatmosphäre (Autoteile), zeitweise in der Außenatmosphäre (Kinderwagenteile), in Innenräumen mit Wasserdampfkondensation (Küchen-, Badarmaturen) und in Innenräumen mit warmer, trockener Luft (Büroeinrichtungen).

Nach DIN 50960 und 50965 sind Schichtdickenabstufungen, wie folgt, vorgesehen: 3, 5, 8, 12, 20, 25, 30, 40, 50 μm, für Glanzchromüberzüge mindestens 0,3 μm.

Für ein Werkstück mit der Oberfläche A (in dm^2) wird auf einer Analysenwaage das Gewicht vor und nach dem Galvanisieren festgestellt. Die Gewichtsdifferenz betrage G (in p). Besitzt das Abscheidungsmetall das spezifische Gewicht γ (in p/cm^3), dann beträgt die Schichtdicke s (in μm) : $s = \frac{100\,G}{\gamma A}$.

Das Verfahren ist auf kleinere Werkstücke beschränkt, deren Gewicht die Belastbarkeit einer Analysenwaage (maximal 200 p) nicht übersteigt.

Ein anderes Wägeverfahren [1]), das ebenfalls auf kleine Werkstücke beschränkt ist, bedient sich der Mohrschen Waage, die gewöhnlich zur Bestimmung des spezifischen Gewichts benützt wird. Beträgt das Gewicht des galvanisierten Teiles in Luft G_L und in Wasser G_W (in p) und sind die spezifischen Gewichte von Werkstück und Überzugsmetall γ_T und γ_S (in p/cm³), so ergibt sich mit der Oberfläche A (in dm²) für die Schichtdicke s (in μm):

$$s = \frac{\gamma_T G_W - (\gamma_T - 1) G_L}{(\gamma_S - \gamma_T) \cdot A} \cdot 100.$$

3. Magnetische Verfahren zur Schichtdickenbestimmung

Nach diesen Verfahren lassen sich die Schichtdicken nicht oder schwach magnetischer Überzüge auf einer ferromagnetischen Unterlage messen. Die Meßergebnisse können beeinflußt werden durch:

> Rauhtiefe und Welligkeit der Oberfläche, die magnetischen Eigenschaften des Grundmaterials oder des Überzugs, die Dicke der Unterlage, die Krümmung der Oberfläche, die Abweichung der magnetischen Achse von der Normalen der Fläche im Meßpunkt, vom „Kleben" des Magneten (z.B. an einem Bleiüberzug), von äußeren magnetischen Störungen, vom Abstand des Meßpunktes vom Rand (bei Flußmessern).

a) Messung der Haftkraft

Beim *Meßstab nach Berthold* wird die Haftkraft, mit der ein in einem kugelförmigen Polschuh befindlicher Magnet auf der Unterlage festgehalten wird, mittels einer Feder gemessen. Ihre Rückstellkraft ist der Haftkraft entgegengerichtet. Der Magnet löst sich von der Unterlage, wenn eben beide Kräfte gleich groß geworden sind. Bei Verwendung auswechselbarer Polschuhe gewinnt man mehrere Meßbereiche. Damit lassen sich Schichtdicken von 0 bis 1 000 μm mit etwa ± 10 % Genauigkeit messen.

Beim *„Mikrotest"* wird die Feder, die durch ihre Spannung die Gegenkraft liefert, durch Drehen an einer in 1/1 000, 1/100 oder 1/10 mm geeichten Meßscheibe bis zum Abreißen des Magneten von der Unterlage gespannt. Im Augenblick des Abreißens wird ein farbiger Punkt sichtbar. Die Genauigkeiten betragen ± 30 % bei 5 μm, ± 20 % bei 10 μm, ± 12 % bei 50 μm dicken Schichten. Die Schichtdicke kann direkt abgelesen werden. Zur Messung von Nickelschichtdicken auf Stahl werden Eichkurven geliefert.

---

[1]) Verfahren nur brauchbar, wenn $\gamma_S \neq \gamma_T$ ist.

Das „*Magne-Gage*" ist ein sehr empfindliches Gerät, das mit Hilfe auswechsel barer Magnete und entsprechender Eichkurven Schichtdicken bis zu 2 mm Dicke recht genau zu ermitteln gestattet. Der mit Stahlabschirmung versehene Magnet hängt an einem mittels Gegengewicht austarierbaren Waagebalken. An dessen Drehachse greift eine Spiralfeder an, die mit Hilfe eines Drehknopfes bis zum Abreißen des Magneten gespannt wird. Das Gerät eignet sich zur Schichtdickenmessung nicht magnetischer Überzüge auf Stahl, von Nickelüberzügen auf Stahl und auf nicht magnetischem Material.

b) Messung des magnetischen Flusses

Das „*Elcometer*" besteht aus einem Stabmagneten mit rechtwinklig angesetzten Eisenpolschuhen, so daß eine U-form entsteht. Die Eisenpolschuhe nehmen zwei hartverchromte Weicheisenkontaktkugeln auf. Diese ragen aus dem Gehäuse, das den Magneten umgibt, heraus. Zwischen den Eisenpolschuhen befindet sich ein drehbarer Magnet mit Rückstellspiralfeder und Zeiger. Je besser der magnetische Schluß zwischen den Auflagepolen ist, desto geringer ist die Wirkung auf den Drehmagneten. Hierauf beruht das Meßprinzip. Die Skala ist nicht linear. Es existieren Meßbereiche von 0 bis 50 μm, 0 bis 80 μm, 0 bis 200 μm und so fort bis 0 bis 18 mm. Das ganze Gerät wiegt nur 180 Pond.

4. Elektromagnetische Verfahren zur Schichtdickenbestimmung

Das „*Leptoskop*" und der „*Schichtdickenmesser MaS/I*" (Prof. Dr. Berthold) gestatten die Messung der Dicke nicht magnetischer Schichten auf Stahl. Der Messung liegt das Prinzip der induktiven Verstimmung einer Meßbrücke zugrunde. In den Meßbereichen 0 bis 12,5 μm und 0 bis 25 μm ist die Anzeige fast linear zur Schichtdicke. Zur Aufnahme der Eichkurven genügt im proportionalen Bereich ein Meßpunkt. Beim „*Präzisionsschichtdickenmesser Type 2090*" (Dr. Forster) dient ein kleiner Hufeisenkern als Taster. Er bildet den Kern eines Transformators, der primär mit Wechselstrom von Netzfrequenz gespeist wird. Die Höhe der Sekundärspannung hängt von der Dicke einer unmagnetischen Belegung auf einer Stahlunterlage ab. Sie entspricht dem Luftspalt eines sonst geschlossenen magnetischen Kreises. Als Meßunsicherheit werden 2 % angegeben. Der Taster kann so klein gehalten werden, daß man noch 2 mm große Objekte vermessen kann.

Das „*Permascop ES*" arbeitet nach dem Prinzip des Magnetverstärkers. Es mißt Schichtdicken von einigen Mikrometern bis mehrere Millimeter.

5. Elektrische Meßverfahren zur Schichtdickenbestimmung

Den nachfolgend genannten Geräten liegt als Meßprinzip die Erzeugung von hochfrequenten Wirbelströmen zugrunde. Hochfrequente Ströme zeigen den sogenannten „Skineffekt", d. h. sie bleiben auf eine dünne äußerste Schicht eines Leiters beschränkt. Ihre Eindringtiefe ist direkt proportional dem elektrischen Widerstand des Leiters und umgekehrt proportional der Quadratwurzel der Frequenz: ($d \sim R/\sqrt{f}$). Es werden ebene Meßstellen vorausgesetzt, die nicht zu nahe am Rand liegen. Bei gekrümmten Flächen kann der Meßfehler u. U. durch Eichen mit dem noch nicht bedeckten Prüfling ausgeschaltet werden.

Das „*Dermitron*" läßt sich dort anwenden, wo sich die spezifischen Leitfähigkeiten von Grundmaterial und Überzug genügend voneinander unterscheiden. (Anstrichschichten, Zink- oder Cadmiumniederschläge auf Stahl, Silber auf Messing, Eloxalschichten u. ä.) Kupfer-Nickel-Überzüge lassen sich getrennt messen, indem man zwei verschiedene Frequenzen anwendet.

Das „*Isometer*" dient vorwiegend zur Messung von Eloxalschichtdicken. Als Meßgenauigkeit wird bei ebenen Meßstellen ± 0,5 μm angegeben.

Das „*Leptometer*" (volltransitoriert und daher sehr leicht) mißt nichtleitende Schichten auf NE-Metallen mit einem Meßfehler von ± 10 % bei 0 bis 200 μm Meßbereich.

Der „*Audio-Dickenmesser*" ist ein Prüfgerät für vorwiegend Spritzmetallschichten mit einem Meßbereich zwischen 5 und 300 μm. Bei Abweichungen von der vereinbarten Dicke ertönt ein akustisches Signal. Auf dem thermoelektrischen Effekt als Meßprinzip beruht der „*BNF-Dickenmesser MKII*" (Thorn Electronics Ltd.), bei dem die thermoelektrische Spannung zwischen einer etwa 130 °C heißen Sonde und dem kalten Überzugs- und Grundmetall nach Verstärkung gemessen wird. Nickelschichten auf Stahl, Messing und Zink können auf ± 2,5 μm genau gemessen werden. Eine Kupferzwischenschicht ist zulässig. Der Meßbereich beträgt 6 bis 50 μm, wobei mit Vergleichsproben geeicht wird.

6. Optische Verfahren zur Schichtdickenmessung

a) Lichtmikroskopische Schichtdickenmessung

Durchsichtige Überzüge (z. B. eine Eloxalschicht) lassen sich vermessen, indem man bei *mikroskopischer Beobachtung* erst auf die Oberseite, dann auf die Unterseite scharf einstellt. Ist h der am Feintrieb abzulesende Hub des Mikroskops und n der Brechungsindex der Schicht (für die verdichtete GS-Eloxalschicht n = 1,62), so ist die Schichtdicke d = n · h. (Arbeitet man mit Ölimmersionssystem, so ist für $n = n_{Schicht}/n_{Öl}$ (z. B. 1,62/1,51 = 1,072) einzusetzen.

b) Lichtschnittverfahren (DIN 50 948)

Die Dicke transparenter[1]) Schutzschichten kann mit Hilfe des Lichtschnittverfahrens gemessen werden. Bei glatter Oberfläche wird eine hinreichende Genauigkeit erreicht, wenn die Schichtdicke 5 µm oder mehr beträgt. Bei rauhen Oberflächen muß die Schichtstärke größer sein als die maximale Rauhtiefe.

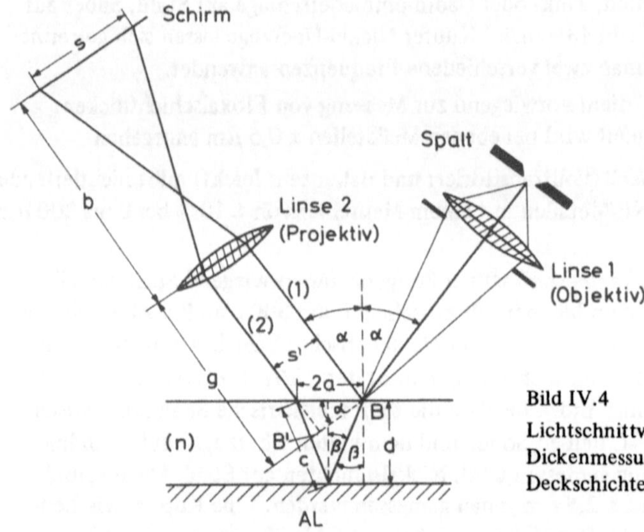

Bild IV.4
Lichtschnittverfahren zur Dickenmessung transparenter Deckschichten

DIN 50 948 beinhaltet die Dickenmessung transparenter Oxidschichten wie z. B. Eloxalschichten[2]). Bild IV. 4 zeigt in vereinfachter Darstellung den Strahlenverlauf des Verfahrens. Ein von rückwärts mit z. B. Grünfilterlicht beleuchteter Spalt wird auf die Probenoberfläche abgebildet. Am Bildort bildet die optische Achse des Abbildungssystems mit der Normalen zur Schichtoberfläche den Einfallswinkel α. Das Licht wird zum Teil an der Ober-

[1]) lichtdurchlässig

[2]) Siehe Bd. „Oberflächenschutzschichten und Oberflächenvorbehandlung"

fläche direkt unter dem gleichen Winkel α reflektiert, der andere Teil tritt unter Beachtung des Brechungsgesetzes in die Deckschicht ein und wird an der Grenzschicht Grundmetall/Deckschicht unter dem Brechungswinkel β reflektiert. An der Oberfläche tritt dieses Lichtbündel (2) unter dem Winkel α gegen die Normale wieder aus und verläuft parallel zum direkt reflektierten Lichtbündel (1). Beide Lichtbündel [1]) werden entweder durch ein Projektiv auf einen Schirm gelenkt (wie in Bild IV. 4) oder treten in ein Ablesefernrohr ein, das auf den Bildpunkt B im Abstand g scharf eingestellt ist. Das Fernrohr ist mit einem Okularmikrometer versehen, das den Abstand s' zu messen gestattet, oder es enthält ein Fadenkreuz, das erst auf den Bildpunkt B und dann durch seitliches Verschieben des Fernrohres auf den Punkt B′ eingestellt wird. Die mikrometrische Seitenverschiebung wird an einer Trommel abgelesen. Für gleichbleibenden Einfallswinkel α und stets gleichen Brechungsindex n kann die Trommel sofort bezüglich der Schichtdicke d geeicht sein.

Der auf dem Schirm gemessene Abstand s ist proportional s'. Der Abstand s' bzw. s wird für eine gegebene Schichtdicke d ein Maximum, wenn als Einfallswinkel $\alpha = 45$ Grad gewählt wird.

Ableitungen zu Bild IV.4:

$$n = \frac{\sin\alpha}{\sin\beta} \quad \text{(Snelliussches Brechungsgesetz)}$$

$$a = d \cdot \tan\beta = \frac{d \cdot \sin\alpha}{\sqrt{n^2 - \sin^2\alpha}} ;$$

$$s' = 2 \cdot a \cdot \cos\alpha = \frac{2 \cdot d \cdot \sin\alpha \cos\alpha}{\sqrt{n^2 - \sin^2\alpha}} = \frac{d \cdot \sin 2\alpha}{\sqrt{n^2 - \sin^2\alpha}}$$

Daraus:

$$d = \frac{\sqrt{n^2 - \sin^2\alpha}}{\sin 2\alpha} \cdot s'$$

für $\alpha = 45^\circ$ und $n = 1{,}62$ (Eloxalschicht):

$$d = 1{,}4575 \cdot s'$$

[1]) Nur die beiden hellsten, benachbarten Bilder des Spalts werden gewählt.

Für die Abbildung ergibt sich:

$$s' = \frac{g}{b} s \quad \text{und} \quad d = \frac{g\sqrt{n^2 - \sin^2\alpha}}{b \cdot \sin 2\alpha} \cdot s:$$

$$d = \frac{g}{b} \cdot 1{,}4575 \cdot s \quad (\alpha = 45°; \quad n = 1{,}62)$$

B. Nicht zerstörungsfreie Verfahren zur Schichtdickenmessung

1. Querschliff (DIN 50 950 und DIN 50 943)

Die Schliffherstellung erfordert geschultes Personal, zur Beobachtung ist ein Metallmikroskop erforderlich. Die Prüflinge müssen im allgemeinen vor der Herstellung des Schliffs mit einem galvanischen Überzug von etwa 6 μm Mindestschichtdicke überzogen werden, damit ein Verrunden der zu vermessenden Schicht beim Schleifen und Polieren vermieden wird. Die Schicht muß senkrecht geschnitten werden! Proben mit ebenen Flächen werden in Schliffhalter eingespannt, gekrümmte Proben werden in Gießharz eingebettet[1]). Durch Ätzen wird der Überzug besser erkennbar. Man beobachtet bei möglichst hoher Vergrößerung am besten mit Grünfilter-Licht. Die Meßgenauigkeit wächst mit zunehmender Schichtdicke von etwa 20 % bis 40 % Meßfehler bei 2 μm auf 2 % bis 4 % bei 20 μm. Durch schräges Anschleifen (Schrägschliff) kann die Schlifflänge l des Überzugs erheblich vergrößert werden gemäß der Beziehung: $l = d/\sin\alpha$. (d = Schichtdicke, α = Neigungswinkel). Eine größere Genauigkeit kann jedoch nicht erreicht werden.

2. Einschliff

Mit einer genau arbeitenden Schleifscheibe vom Radius r kann man einen Einschliff bis eben zur Freilegung des Grundmetalls führen. Ist die Schlifflänge eines ebenen Prüflings außen gleich l, so ist die Schichtstärke $d = l^2/8r$. Als Meßgenauigkeit werden ± 3 μm angegeben.

3. Chemische Ablösung des Überzugs

Der Überzug wird chemisch abgelöst und die mittlere Schichtdicke durch Wägung vor und nach dem Ablösen bestimmt. Zur Ermittlung der Dicke des Überzugs auf „wesentlichen Stellen" ist das Verfahren nicht geeignet. Tabelle IV.1 enthält Ablösemittel, die das Grundmetall nicht angreifen.

---

[1]) Vgl. *C. Petersen:* Z. Metallkde. 43 (1952) 250

Tabelle IV.1: **Ablösemittel zur chemischen Schichtentfernung**

Überzug	Grundmetall	Ablösemittel
Aluminium	Eisen	10 %ige warme Natronlauge
Blei	Eisen	330 ml/*l* Wasserstoffperoxid (30 %ig) bei Raumtemperatur (20 °C)
		Salpetersäure (Dichte 1,2 g/cm³)
		Vollmerlösung III [1]
Blei	Kupfer, Messing	Vollmerlösung II [1]
		15 %ige Borfluorwasserstoffsäure + 120 g/*l* Enstrip N 165 S/1 [2] bei 70 bis 80 °C.
Chrom	Aluminium	rauchende Salpetersäure + Kaliumchlorat
	Eisen, Kupfer, Nickel	Salzsäure (1 : 1) + Sparbeize bei 50 °C
Chromatierungsschicht	Zink, Cadmium	5 %ige Essigsäure
Eloxalschicht	Aluminium	35 ml/*l* Phosphorsäure + 20 g/*l* Chromsäureanhydrid 10 Minuten bei 90 °C
Cadmium	Eisen	Salzsäure (1 : 1) + Sparbeize
		120 g/*l* Ammoniumnitrat
		50 g/*l* Ammoniumpersulfat + 100 ml/*l* Ammoniak
		150 g/*l* Enstrip A [2] bei 80 °C
		Vollmerlösung III [1] bei 80 °C
Kupfer, Messing	Aluminium	konz. Salpetersäure + Kaliumchlorat
	Eisen	500 g/*l* Chromsäure + 5 g/*l* Schwefelsäure (heiß)
		150 g/*l* Enstrip A [2]
		100 g/*l* Kaliumcyanid bei 60 bis 70 °C
		5 %iges Ammoniumpersulfat + 15 ml/*l* Ammoniak
Nickel	Aluminium	rauchende Salpetersäure, dann 5 %ige Chromsäurelösung (vor dem Spülen)
	Eisen	5 %ige Natronlauge + 2,5 g/*l* Natriumperoxid
		Vollmerlösung II [1]
	Kupfer	10 %ige Schwefelsäure + 120 ml/*l* Enstrip N 165 S [2] bei 80 bis 90 °C
	Messing	Schwefelsäure (1 : 7) oder konzentriert Eisenchlorid + Kupfersulfat n. DIN 50 951
Silber	Alpaka	Jod-Jodkalium n. DIN 50 951
	Eisen	konz. Schwefelsäure + 50 ml/*l* Salpetersäure
Zink	Aluminium	konz. Salpetersäure

[1] Fa. Schering AG

[2] Fa. Dr. W. Kampschulte & Cie

Tabelle IV.1 (Fortsetzung)

Überzug	Grundmetall	Ablösemittel
Beachte DIN 50 952	Eisen	Salzsäure (1 : 1) + Sparbeize 10 bis 20 %ige Natronlauge kochend 2 %ige Schwefelsäure + 2 g/l arsenige Säure Vollmerlösung III [1]
Zink	Kupfer, Messing	18 %ige Schwefelsäure + 120 g/l Enstrip N 165 S [1] bei 70 bis 80 °C
Zinn	Blei	Ammoniumsulfid (gelb)
	Eisen	rund 30 %ige Salzsäure + 20 g/l Antimonoxid
	Kupfer, Messing	15 %ige Salzsäure + 120 g/l Enstrip N 165 S [1] bei 70 bis 80 °C Trichloressigsäure (s. DIN 50 951) Salzsäure (d = 1,19) + 12 g Kupfer-(I)-chlorid in 40 ml Wasser je Liter Salzsäure 100 g/l Eisen-(III)-Ammonsulfat + 50 ml/l konz. Schwefelsäure + 50 ml/l konz. Phosphorsäure
	Messing	Salzsäure (1:1) bei 60 bis 70 °C
Zinn-Blei	Kupfer, Messing	15 %ige Borflußsäure + 120 g/l Enstrip N 165 S [1] bei 70 bis 80 °C
Zinn-Nickel	Kupfer, Messing	konz. Phosphorsäure (heiß)

4. Elektrolytische Ablösung zur Bestimmung der Schichtdicke galvanischer Überzüge (DIN-Vorschlag 50 953)

Nach diesem Vorschlag wird festgelegt, wie die Schichtdicke durch örtliches, anodisches Ablösen bestimmt wird. Das Verfahren eignet sich für metallische Überzüge auf Metallen und Nichtleitern. Auch die Dicken einzelner Metallauflagen (z. B. bei Kupfer-Nickel-Chrom-Überzügen) lassen sich bestimmen. Bei Doppelschichten (z. B. Doppelnickel oder Doppelchrom) kann jedoch nur die Gesamtdicke des einzelnen Metalls ermittelt werden.

Bei dem Verfahren wird eine Fläche bekannter Größe mit konstantem Strom abgelöst, wobei die Probe als Anode geschaltet wird. Je nach Meßanordnung steigt die Spannung an oder fällt der Strom ab, wenn der Überzug abgelöst ist. Die Schichtdicke d ist dann:

$$d = \frac{M \cdot I \cdot t \cdot a \cdot 1{,}67}{26{,}8 \cdot A \cdot \rho} \quad \text{(Faradaysche Gleichung der Elektrolyse).}$$

[1] Fa. Dr. W. Kampschulte & Cie

Hierbei erhält man d in μm, wenn die Ablösezeit t in Minuten, die Stromstärke I in Ampere, das Atomgewicht M in Gramm, die Ablösefläche A in dm^2 und die Dichte ρ des abgelösten Metalls in g/cm^3 eingesetzt werden. 26,8 hat die Einheit Amperestunden (Ah) und a bedeutet die anodische Stromausbeute, d.h. der Quotient aus der tatsächlich abgelösten Metallmenge zur theoretisch auflösbaren Menge.

a) Meßzelle

Als Meßzelle kann ein Aufsetzbecher nach Bild IV.5 verwendet werden. Er besteht aus einem Metall, das vom Elektrolyten nicht angegriffen werden kann (z.B. Platin, Monel ®, Chromnickelstahl usw.). Der Becher sitzt mittels einer Gummidichtung auf der Prüffläche auf. Die meistens erforderliche Elektrolytdurchwirbelung besorgt ein Kunststoffrührstäbchen mit Elektroantrieb oder eingeblasene Luft.

Kleinteile lassen sich im Becherglas ablösen. Die Ablösefläche muß definiert sein (DIN 50932).

Der Gleichstrombedarf beträgt für den Meßbecher nach Bild IV.5 etwa 50 mA für die üblichen Dicken galvanischer Schichten, für sehr dünne Schichten (z.B. Glanzchrom) etwa 6 mA. Der Becher ist dabei Kathode. Die Ablösezeit muß gemessen werden. Sie kann mit einer Stoppuhr ermittelt werden, oder, falls der Spannungsverlauf geschrieben wird, der Zeitachse des Schreiberdiagramms entnommen werden.

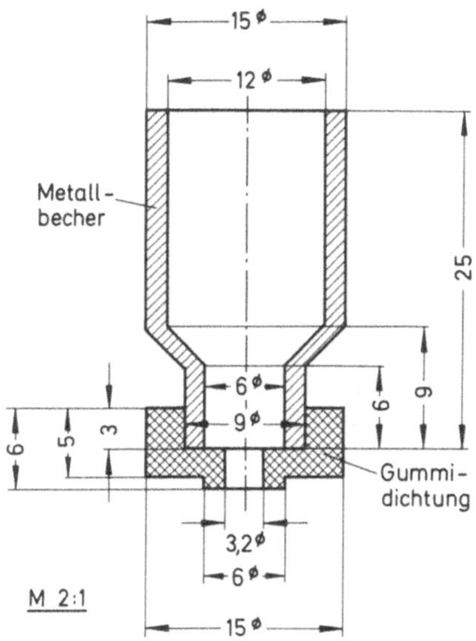

Bild IV.5
Meßbecher zur elektrolytischen Schichtdickenbestimmung (Maße in mm)

b) Ablöseelektrolyte

Die Elektrolyte müssen so arbeiten, daß: a) nur Metall abgelöst wird, wenn Strom fließt; b) die Ausbeute a = 100 % beträgt oder nur wenig davon abweicht und konstant ist; c) der Spannungsanstieg bzw. der Stromabfall am Ende der Ablösung hinreichend groß ist, um einwandfrei erkannt zu werden.

Die Tabelle IV.2 enthält einige Ablöseelektrolyte, die von 1 bis 22 numeriert sind. Sie werden bei Raumtemperatur betrieben.

Tabelle IV.2: Ablöseelektrolyte zur Schichtdickenbestimmung

Überzug	Grundmaterial = Werkstoff unter der abzulösenden Schicht				
	Aluminium	Kupfer Messing	Nickel	Stahl Nichtleiter	Zink
Blei	–	1	1	1	–
Cadmium	2	2; 3	2	2; 3	–
Chrom	4; 5	6; 7	4; 5	4; 8	–
Kupfer	9;	–	9; 10	9; 11	12
Nickel	13; 14	13; 15	–	13; 14	–
Silber	16	17	16; 18	16; 18	–
Zink	19;	19; 20	19	19; 20	–
Zinn	4; 21	6; 22	6	6; 22	–

1 200 g CH_3COONH_4 + 200 g CH_3COONa in 1 Liter dest. Wasser

2 100 g KJ mit Spuren von J_2 oder 400 g KJ in 1 Liter Wasser

3 30 g KCl + 30 g NH_4Cl in 1 Liter Wasser

4 100 g Na_2SO_4 oder 68 ml H_2SO_4 [1]) in 1 Liter Wasser

5 98 g H_3PO_4, entspricht 62 ml Orthophosphorsäure (D = 1,75) [2]) in 1 Liter Wasser

6 73 g HCl, entspricht 171 g HCl (D = 1,18) in 1 Liter Wasser

7 100 g Na_2CO_3 in 1 Liter Wasser (für Überzüge über 5 μm Dicke)

8 196 g H_3PO_4 + 10 g CrO_3, entspricht 124 ml H_3PO_4 (D = 1,75) + 10 g CrO_3 in 1 Liter Wasser

9 860 g NH_4NO_3 in 1 Liter Wasser oder
80 g $NaKC_4H_4O_6$ + 100 g NH_4NO_3 in 1 Liter Wasser (nur bis 10 μm)

10 100 g K_2SO_4 + 20 ml H_3PO_4 (D = 1,75) in 1 Liter Wasser

11 800 g NH_4NO_3 + 10 ml NH_4OH (D = 0,88) in 1 Liter Wasser

12 Mindestens 30 Gewichts-prozentige Lösung von H_2SiF_6

13 30 g NH_4NO_3 + 30 g Na SCN in 1 Liter Wasser oder
400 g NH_4NO_3 + 45 g NH_4SCN in 1 Liter Wasser

---

1) Schwefelsäureelektrolyt darf nicht gerührt werden.

2) D = Dichte in g/cm³

14	800 g	NH_4NO_3 + 3,8 g $(NH)_2CS$ in 1 Liter Wasser. Da die Lösung nur fünf Tage haltbar ist, wird getrennte Lagerung empfohlen. Lösung 1: 800 g NH_4NO_3 in 1 Liter Lösung 2: 76 g $(NH)_2CS$ in 1 Liter Vor Gebrauch: Mischen von 100 ml Lösung 1 mit 5 ml Lösung 2.
15	42 g	HCl, entspricht 100 ml HCl (D = 1,18) in 1 Liter Wasser
16	860 g	NH_4NO_3 in 1 Liter Wasser
17	180 g	KSCN in 1 Liter Wasser
18	100 g	$NaNO_3$ + 5 g HNO_3 in 1 Liter Wasser
19	100 g	NaCl oder 100 g Na_2SO_4 + 10 g H_2O + 20 g $ZnSO_4$ + 7 H_2O in 1 Liter Wasser
20	100 g	KCl in 1 Liter Wasser
21	91 g	H_2SO_4 + 5 g KF, entspricht 50 ml H_2SO_4 (D = 1,83) + 5 g KF in 1 Liter Wasser
22	100 g	KNO_3 + 100 g KCl in 1 Liter Wasser

c) Durchführung der Messung, Auswertung und Prüfbericht

Die Prüfproben werden gereinigt, wobei der zu messende Überzug nicht angegriffen werden darf (Entwurf DIN 50 932).

Der Aufsetzbecher wird auf die Probenoberfläche aufgesetzt und der Elektrolyt eingefüllt. Danach wird der Strom eingeschaltet. Wenn der Aufsetzbecher nicht verwendet werden kann, wird im Becherglas abgelöst, bei Kleinteilen der Gesamtüberzug, sonst von einer abgegrenzten Fläche. Die Gegenelektrode (Kathode) soll die zehnfache Größe der abzulösenden Fläche haben.

Wenn stets der gleiche Becher und der gleiche Elektrolyt verwendet werden und der Ablösestrom ebenfalls gleich gehalten wird, kann die Apparatekonstante C ermittelt werden zu:

$$C = \frac{M \cdot I \cdot a \cdot 1{,}67}{26{,}8 \cdot A \cdot \rho}$$ Dann gilt für die Schichtdicke: $d = C \cdot t$

Einheiten wie zuvor.

Bei Überzügen zwischen 0,2 und 50 μm sind Abweichungen von ± 10 % vom wahren Wert zulässig. Bei handelsüblichen Geräten [1]) ist der Fehler kleiner.

Der *Prüfbericht* soll enthalten: Hinweis auf die Norm; Anzahl, Art und Kennzeichnung des Prüfgegenstands; Anzahl und Lage der Meßstellen (Skizze); Größe der Ablösefläche in cm^2, beim Aufsetzbecher in mm^2. Dicke der Schicht für jede Meßstelle in μm und das Prüfdatum.

---

[1]) Lieferfirmen: BNF-Coulometric-Schichtdickenmesser, Thorn-Bendix Ltd. Kocourgerät, Kocour Comp. (USA).

5. Messung der Dicke von Zinküberzügen auf Stahl mittels Feintaster

DIN 50933 legt fest, wie die Dicke von Zinküberzügen auf Schrauben, Muttern und ähnlichen Gegenständen mit Hilfe eines Feinzeigers gemessen wird. Zu dem Feinzeigergerät nach DIN 879 Blatt 1 (Ausgabe Mai 1968) gehört:

> Ein Meßtisch aus einem salzsäurebeständigen Kunststoff mit einer Probenfestspannvorrichtung,
> eine mit dem Meßtisch fest verbundene Säule zum Einspannen des Feinzeigers,
> ein Feinzeiger mit Skalenwert von 1 μm, der einen aufsteckbaren Meßfühler besitzt in Form eines Kugelabschnitts von 2 mm Durchmesser.

Das Ablösemittel besteht aus:

> 500 ml analysenreiner Salzsäure (HCl) (D = 1,18) mit etwa 3,2 g Antimon-III-Chlorid ($SbCl_3$) oder etwa 2 g Antimon-III-Oxid (Sb_2O_3) als Inhibitor (Verzögerer) mit destilliertem, bzw. vollentsalztem Wasser auf 1 Liter aufgefüllt.

Die Dickenmessung wird wie folgt durchgeführt (vgl. DIN 50014): Die Prüfstellen werden mit feuchter Watte und Magnesiumoxid oder Wiener Kalk entfettet, gespült und mit Filtrierpapier getrocknet. Eine eventuelle Chromatierung kann verbleiben.

Das Prüfgerät wird so aufgestellt, daß der Feinanzeiger lotrecht steht. Die Probe wird derart eingespannt, daß die Prüffläche in Achsrichtung des Meßaufsatzes und senkrecht zur Berührungskugel steht. Der Meßaufsatz wird so vorsichtig aufgesetzt, daß die relativ weiche Zinkschicht nicht eingedrückt wird. Der Zeiger wird auf Null eingestellt und der Meßaufsatz wieder abgehoben.

Dann wird die Zinkauflage an der Meßstelle mit einigen Tropfen des Lösungsmittels abgelöst. Wenn das Zink entfernt ist, hört die Wasserstoffentwicklung auf. Der schwarze Antimonbelag wird abgewischt und das Grundmetall liegt frei. Bestehen Zweifel, so wird der Vorgang wiederholt. Danach wird die Probe gespült und getrocknet.

Der Meßansatz des Feintasters wird wieder aufgesetzt und die Höhe der abgelösten Zinkauflage auf 0,5 μm genau abgelesen.

Im Prüfbericht wird folgendes angegeben:

Hinweis auf die Norm, Art der Probe mit einer Beschreibung der Probe und die Art des Überzugs (z. B. galvanischer Zinküberzug). Ferner die Lage der

Prüfstellen (Skizze), die Schichtdicken an den Prüfstellen in Mikrometern auf 1 μm genau und das Prüfdatum. Gegebenenfalls werden auch Abweichungen von der Norm mitgeteilt. Die Norm behandelt zunächst nur die Dicke der Zinkauflage auf Stahl. Sie soll für andere Metalle entsprechend erweitert werden.

6. Schichtdickenbestimmung nach dem Strahlverfahren (DIN 50951)

Aus einem Scheidetrichter fließt durch eine geeichte Kapillare die Prüflösung auf die Probe. Mit der Stoppuhr wird die Zeit bis zur Freilegung des Grundmaterials gemessen. Um Spritzer zu vermeiden, wird die Auffangschale mit Gaze überspannt. Die Vornorm DIN 50951 enthält Prüflösungen für Überzüge aus Bronze, Cadmium, Kobalt, Kupfer, Nickel, Silber, Zink und Zinn, sowie Auswertekurven, in denen die Ablösegeschwindigkeit (in μm/s) als Funktion der Lösungstemperatur dargestellt ist. Auf peinliche Sauberkeit muß geachtet werden.
Statt eines Flüssigkeitsstrahls kann auch das *„Tropfverfahren"* angewandt werden.
Strahl- und Tropfverfahren werden wegen mangelnder Genauigkeit nur wenig angewandt. DIN 50951 wird voraussichtlich bald zurückgezogen.

C. Prüfung der Oberflächenbeschaffenheit

1. Begriffe der Oberflächenrauhigkeit (vgl. Bild IV.6)

Verschiedene Begriffe, die die Oberfläche kennzeichnen, sind nach DIN 4760 genormt; siehe ferner DIN 4762 und 4763:

„Wirkliche Oberfläche": Begrenzungsfläche des festen Körpers gegen den umgebenden Raum.

„Istoberfläche": Die meßtechnisch erfaßbare Oberfläche.

„Geometrisch ideale Oberfläche": Begrenzung des geometrisch vollkommen gedachten Körpers.

„Solloberfläche": Vorgeschriebene Oberfläche.

„Mittenrauhwert R_a": Arithmetischer Mittelwert der Abstände des Istprofils vom Mittelniveau in μm.

„Profiltraganteil t_p": Hierunter versteht man das Verhältnis der (tragenden) Streckensumme $\Sigma l_{c_i} : l$, wobei die Tiefe c angegeben wird. $t_p = \Sigma l_{c_i}/l$

„Rauftiefe R_t": Abstand zwischen Grund- und Bezugsprofil in μm.

„Glättungstiefe R_p": Abstand zwischen Bezugsprofil und mittlerem Istprofil in μm.

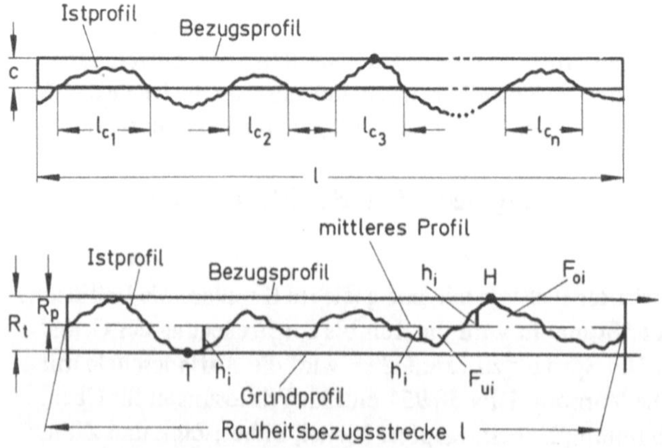

Bild IV.6. Begriffe zur Oberflächenbeschaffenheit

2. Tastschnittverfahren

Der Prüfling wird an einer Tastspitze aus Diamant oder Saphir mit 2 bis 10 μm Radius vorbeigeführt. Die Bewegung der Nadel (senkrecht zur Bewegung des Prüflings) wird vergrößert aufgezeichnet. Geeignete Geräte: Leitz-Forster-Gerät; Perth-0-Meter; Hommeltester; Brush-Surface-Analyzer u. a.

3. Interferenzverfahren

Das Interferenzverfahren dient zur Untersuchung feinbearbeiteter Flächen. Durch Lichtinterferenzen [1]) entstehen gewissermaßen Höhenschichtlinien des Mikrogebirges. Die Linien weisen eine gewisse Breite auf; sie werden schärfer, wenn Vielstrahlinterferenz angewandt wird. Auslenkung einer Linie bis zur nächstbenachbarten entspricht einer Vertiefung in der untersuchten Oberfläche von einer halben Lichtwellenlänge, stärkere Auslenkungen bedeuten entsprechend größere Vertiefungen.
Wenn mit Natriumlicht beleuchtet wird, beträgt die Wellenlänge 0,589 μm. Bei scharfen Interferenzlinien lassen sich Rauhtiefen von 0,01 μm erkennen [2]).

4. Chemische Verfahren zur Poren- und Rißprüfung

Vorhandene Poren werden sichtbar, indem eine Lösung mit dem Grundmaterial unter Verfärbung reagiert. Tabelle IV.3 enthält Nachweismethoden.

---

1) Lichtinterferenz = Überlagerung von Lichtwellen

2) *Tolanski* erreichte eine Genauigkeit von 0,001 μm!

Tabelle IV.3: Chemische Porennachweismethoden

Verfahren	Grundmetall	Überzug	Durchführung des Verfahrens und Nachweis
Ferroxylprobe	Stahl	Nickel	1 g Kaliumferricyanid ($K_3Fe(CN)_6$) + 30 g Kochsalz (NaCl) + 1 *l* dest. Wasser bilden eine Lösung, mit der Filtrierpapier (z. B. Schleicher und Schüll 595) getränkt wird. Dieses wird auf die zuvor entfettete Prüffläche gelegt. Nach 10 Minuten Einwirkungsdauer wird es abgenommen und zwischen Filtrierpapier getrocknet. Die Anzahl der blauen Flecken je Quadratdezimeter auf der Auflageseite dient zur Bewertung der Porigkeit.
Porotestprobe	Stahl	Nickel	Filtrierpapier wird in eine Lösung von 1 g α-Nitroso-β-Naphthol in 1 *l* Methanol getaucht und getrocknet. Bevor es auf die Prüffläche gelegt wird, wird es in Wasser oder 5 %iger Kochsalzlösung angefeuchtet. Nach 5 bis 10 Minuten zeichnen sich Poren als grüne Flecke ab. Die Porotestprobe zeigt eine geringere Porenzahl auf als die Ferroxylprobe, durch die teilweise Poren neu erzeugt werden.
Heißwasserprobe	Stahl	Nickel, Zinn	Man läßt 90 bis 95 °C heißes Wasser (pH = 7) etwa 6 Stunden auf die Probe einwirken. Poren erscheinen als Rostflecke. (Als Gefäß wird ein verzinnter Kupferbehälter empfohlen.)
Indikatorpastenprobe	Stahl	Blei	Schwefelsäure von 60° (ρ = 1,7114 g/cm³, etwa 78 %ig) wirkt einige Stunden auf die Bleischicht ein, wobei sie in Poren und Risse eindringt. Nach gründlichem Spülen wird eine Indikatorpaste (Lieferant: Bayer, Leverkusen) aufgestrichen. Nach dem Antrocknen erscheinen Poren und Risse blau auf rötlichem Grund.
Anfärbung	Aluminium	Eloxalschicht	Durch Nachverdichten (engl. Sealing) werden die Poren einer Eloxalschicht geschlossen. Die Güte der Nachverdichtung wird wie folgt geprüft: Nach Entfettung mit Perchloräthylen und Nachwaschen mit Äthanol wird die Probe 30 Minuten in 40 %ige Salpetersäure (bei 21 bis 25 °C) getaucht. Nach gründlichem Spülen erst in fließendem, dann in destilliertem Wasser wird die Probe 15 Minuten bei 50 °C in eine Farblösung von 10 g/*l* „Aluminiumgrün GLW" getaucht. (Lieferant: Durand und Huguenin AG, Basel) Schlecht nachverdichtete Oxidschichten färben sich merklich grün.
Schwefeldioxidprobe	Aluminium	Eloxalschicht	Eine Lösung von 10 g Natriumsulfit (wasserfrei) in 1 *l* Wasser wird mit Eisessig auf pH = 3,6 bis 3,8, dann mit 5 normaler Schwefelsäure auf pH = 2,5 (bei Raumtemperatur) gebracht. Die Probe wird 20 Minuten in die etwa 90 °C heiße Lösung getaucht und nach jeweils 5 Minuten beobachtet. Schlechte Nachverdichtung äußert sich durch weiße Ausblühungen.

5. Elektrochemische Verfahren zur Poren- und Rißprüfung

Der Spannungsbedarf dieser Verfahren liegt zwischen 2 und 15 Volt. Beim elektrographischen Verfahren werden die Poren auf einem mit Indikatorlösung getränkten Filtrierpapier sichtbar gemacht, sonst auf der Probenoberfläche selbst.

Zur elektrographischen Wiedergabe wird die Probe als Anode geschaltet, das Filtrierpapier darauf gelegt und hierauf eine Alumniumkathode gebracht. Eine Beschwerung sorgt für guten Kontakt zwischen Elektroden und Filtrierpapier (vgl. Bild IV.7).

Die gewöhnliche Elektrolyse wird in einem Glasgefäß bei Stromdichten von 0,2 bis 0,3 A/dm^2 durchgeführt. Der Abstand zwischen der Probe und der aus Chromnickelstahl oder Nickel bestehenden, meist netzförmigen Kathode darf nicht zu klein gewählt werden.

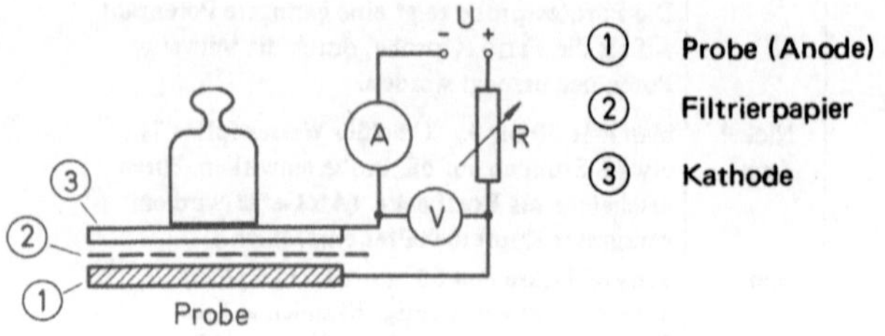

Bild IV.7. Elektrographische Porenprüfung

D. Korrosionsbeständigkeitsprüfung

Im folgenden werden nur einige gebräuchliche Kurzzeitprüfungen behandelt. Ihre Ergebnisse müssen stets durch Freibewitterung in entsprechenden Klimaten kontrolliert werden.

Jeder Kurzzeittest zeigt in seinen Ergebnissen nur mehr oder weniger gute Übereinstimmung mit Langzeituntersuchungen des Korrosionsverhaltens.

1. Sprühnebelprüfung mit verschiedenen Natriumchlorid-Lösungen (DIN 50021)

In DIN 50 021 werden drei Sprühnebelprüfverfahren zusammengefaßt.
S DIN 50 021 beschreibt das Verfahren mit Natriumchlorid-Lösung,
ES DIN 50 021 mit Essigsäure-Natriumchlorid-Lösung und CASS DIN 50 021

Tabelle IV.4: Elektrolytrezepte zur Sichtbarmachung von Poren und Rissen in Schutzüberzügen (nach Kapras)

Grundmetall	Überzug	Elektrolyt			
Stahl	Nickel	Triäthynolamin Phythalsäure Tannin Chromazurol dest. Wasser	30,0 2,5 1,5 1,5 1	g g g g l	Bei 15 Volt erscheinen Poren und Fehlstellen in 40 Sekunden schwarz.
Weißblech, Stahl	Zinn Zink oder Cadmium	Natriumsulfid, krist. ausgekochtes dest. Wasser	2 bis 2,5	g/l	Bei 2 Volt erscheinen Poren im Zinnüberzug nach 5 bis 10 Sekunden schwarz. Poren im Zink- oder Cadmiumüberzug erscheinen nach dem Trocknen in Luft rostbraun.
Kupfer, Messing	Silber	Natriumdiäthyl-dithiocaramat	2	g/l	Bei 4 Volt erscheinen Poren nach 30 Sekunden schwarz.
Stahl	Zink	Rubeanwasser-stoff verrieben mit Triäthanola-min dest. Wasser	0,5 5 1	g g l	Bei 4 Volt werden Poren in 30 Sekunden sichtbar.
Beliebig	nicht leitfähiger Überzug	Cinchonin Benzoesäure Sulfosalycylsäure Netzmittel dest. Wasser	4,60 1,85 0,75 2,00 1	g g g g l	Die Probe wird als *Kathode* geschaltet. Ein Nickelblech bildet die Anode. Bei Behandlung mit 0,05 A/dm^2 scheidet sich Cinchonin weiß in den Poren ab. Anschließendes Anfärben ist möglich.

mit kupferhaltiger Essigsäure-Natriumchlorid-Lösung als Sprühlösung. Die Sprüheinrichtung ist schematisch in Bild IV.8 dargestellt. Die Sprühkammer soll einen Mindestinhalt von 400 Liter haben[1]). Sie ist heizbar und mit einer Temperaturmeß- und Regeleinrichtung versehen. Schwitzwassertropfen dürfen nicht auf die Prüfproben fallen. Deshalb soll die Dachneigung mindestens 30 Grad gegen die Horizontale betragen.

1) Zur Zeit auf dem Markt befindliche Kammern von 300 Liter Inhalt sind noch bedingt zugelassen.

Die Gestelle zur Aufnahme der Prüflinge bestehen aus nicht korrodierendem Material (Kunststoff, Glas) oder aus Metall mit Schutzüberzug (Kunststoff, Gummi). Die Gestelle werden so angeordnet, daß die Hauptflächen der Proben 60 bis 70 Grad gegen die Waagrechte geneigt sind.

Als Düse hat sich eine selbstansaugende Druckluftdüse aus Polyacrylatglas oder Polyvinylchlorid ohne Regulier- und Schnellreinigungsnadel bewährt. Bei einer Düsenöffnung von 1 mm Durchmesser und einem Streuwinkel von etwa 30 Grad wird mit einem Überdruck von (1 ± 0,2) atü und einer Saughöhe von 200 bis 500 mm gearbeitet. Die Durchflußmeß- und Regeleinrichtung ist gemäß Bild IV.8 eingebaut. Sie wird so eingestellt, daß die stündlich aufgefangene Menge niedergeschlagener Salzlösung innerhalb der geforderten Grenzen liegt. Die Anzahl der Düsen richtet sich nach der Größe der Kammer [1]). Ihre Verteilung wird so gewählt, daß eine möglichst gleichmäßige Sprühnebelkonzentration in der Kammer herrscht. Der Strahl darf nicht direkt auf die Prüflinge gerichtet werden. Gegebenenfalls sind Prallplatten vorzusehen. Werden mehrteilige Düsen verwendet, so empfiehlt es sich, diese bei einem Druck von 1 kp/cm^2 auf maximale Saugleistung einzustellen und entsprechend zu markieren oder zu fixieren.

Ein Luftbefeuchter sättigt die Druckluft mit Wasserdampf.
Inwieweit Aerosolgeräte zugelassen werden können, bedarf noch einer Prüfung und Normung derartiger Geräte.

Im Vorratsbehälter muß die Ansaughöhe während der Prüfdauer konstant bleiben. Eine Durchflußmengenmeß- und -Regeleinrichtung regelt die je Minute versprühte Lösungsmenge auf einen Sollwert ein. Mindestens zwei Gefäße mit Auffangflächen von 80 cm^2 werden auf dem Boden des Prüfraumes so aufgestellt, daß sich das eine nahe der Sprühdüse, das andere möglichst weit davon entfernt befindet [2]). Herabfallende Tropfen dürfen nicht in die Gefäße gelangen (Prallplatten).

Die Prüfungen werden als Dauerversuch durchgeführt. Die Proben dürfen nur kurzzeitig zur Beurteilung herausgenommen werden.

a) Salzsprühnebelverfahren mit Natriumchlorid-Lösung (S DIN 50021)

Durch Vernebeln einer Salzlösung soll eine aggressive Atmosphäre (z. B. konzentrierte Seeluft) erzeugt werden, der die Prüflinge ausgesetzt werden. Die Einwirkung auf die zu bewertende Schutzschicht hängt von vielen Faktoren ab wie Art und Konzentration der Lösung, Art der Versprühung, Größe des

---

[1]) Bei 2 m^2 Grundfläche und 1,5 m Höhe der Prüfkammer genügt eine Düse.

[2]) Als Auffangfläche eignet sich ein Glas- oder Kunststoffzylinder von 10 cm Durchmesser, der in einen Meßzylinder eingesetzt wird.

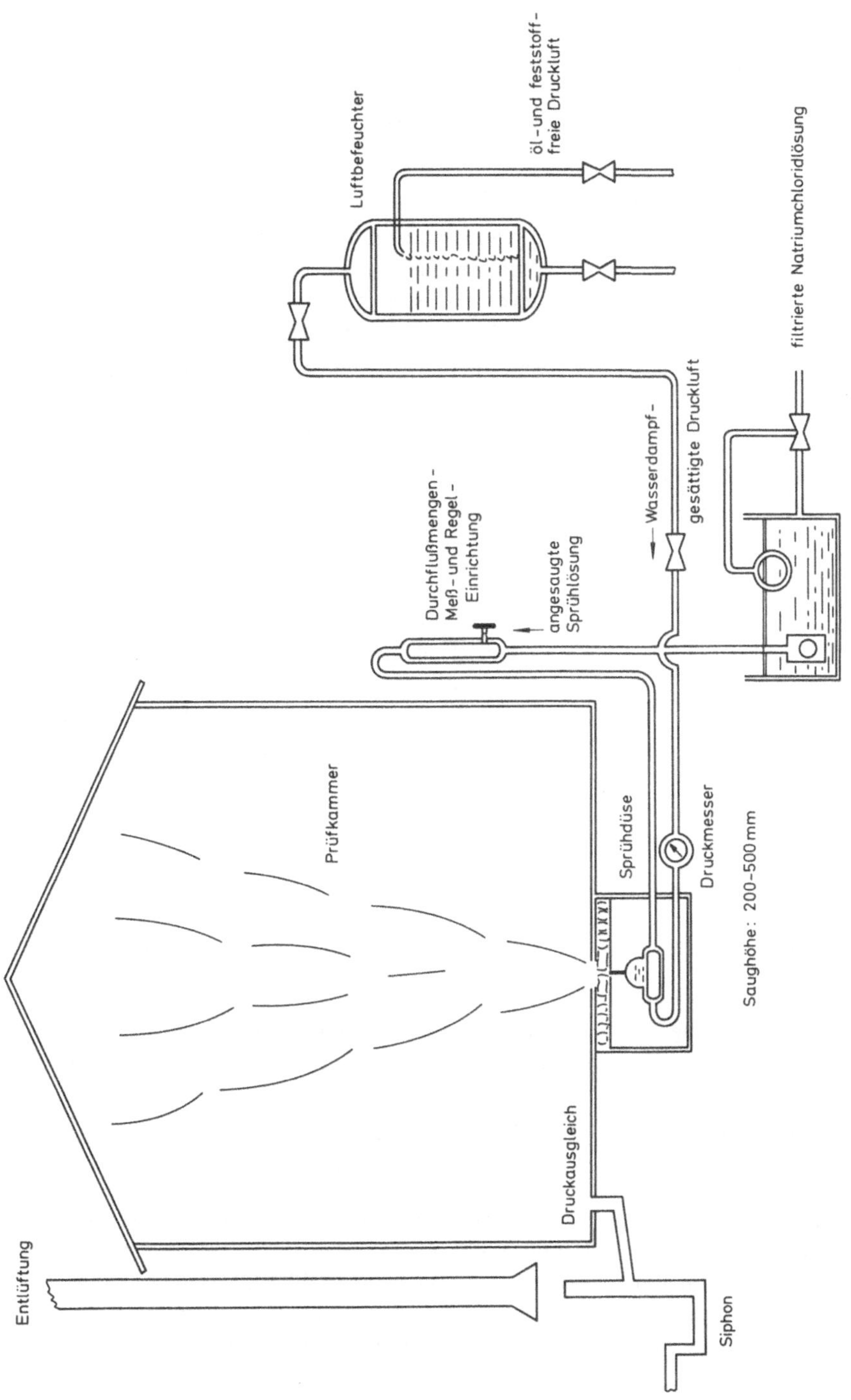

Bild IV.8. Einrichtung für das Salzsprühverfahren

Prüfraumes und Bedingungen im Prüfraum, Lage der Prüflinge zum Sprühnebel u. a. m., so daß viele Versuchsvariablen konstant gehalten werden müssen, um reproduzierbare Ergebnisse zu erzielen.

Prüflösung und Prüfbedingungen:

Prüflösung	5 gewichtsprozentige Natriumchloridlösung. Zulässige Fremdbeimengung des NaCl: 0,3 Gew.-%, davon höchstens 0,1 Gew.-% Natriumjodid (NaJ) und kein Nickel und Kupfer. Destilliertes oder vollentsalztes Wasser mit höchstens 10 mg/kg Feststoffgehalt und einer spezifischen Leitfähigkeit unter 20 μS/cm bei 25 °C.
pH-Wert der wiederaufgefangenen Lösung	6,5 bis 7,2, elektrometrisch mit Glas-Kalomelelektroden-Meßkette gemessen bei 25 °C oder kolorimetrisch mit Bromthymolblau als Indikator.
Temperatur	(35 ± 1) °C. Damit die Druckluft nach dem Entspannen auf Atmosphärendruck eine Temperatur von 35 °C aufweist, muß sie je nach Überdruck aufgeheizt werden. Die Aufheiztemperatur t (in °C) wird aus der folgenden Tabelle entnommen, der die Formel zugrunde liegt:

$$t = 7{,}15 \cdot p + 40$$

p	0,7	0,84	0,98	1,12	1,26	1,40	kp/cm²
t	45	46	47	48	49	50	°C

Sprühmenge	(1,5 ± 0,5) ml/h als Mittelwert über eine Zeitspanne von 16 Stunden.
Vorbehandlung	Abreiben der Proben mit wäßriger Magnesiumoxidpaste oder Entfetten in Tri-, bzw. Perchlorätylen, bis sie vollkommen benetzbar sind.
Nachbehandlung	In fließendem, warmem Wasser Salzablagerungen abwaschen und trocknen.

Die Salzsprühprüfung läßt vorwiegend Fehlstellen im Überzug erkennen. Teile, die nach dem Salzsprühtest Korrosion zeigen, werden auch bei Freibewitterung bald korrodieren. Die umgekehrte Schlußfolgerung ist jedoch nicht zulässig. Prüflinge, die den Salzsprühtest aushalten, ohne Korrosion zu zeigen, können trotzdem im Langzeitversuch Versager sein.

b) Salzsprühnebelverfahren mit Essigsäure-Natriumchlorid-Lösung (ES DIN 50 021)

Nach diesem Verfahren werden Werkstücke aus Stahl, Nichteisenmetallen und deren Legierungen auf ihr Korrosionsverhalten geprüft. Die Norm entspricht der ASTM[1])–Norm B 287–62: Standart method of acetic acid – salt spray (fog) testing.

Prüflösung und Prüfbedingungen:

Prüflösung	Natriumchloridlösung gleicher Art wie bei a), der jedoch solange Essigsäure zugegeben wird, bis der
pH-Wert	pH-Wert 3,2 ± 0,1 beträgt, gemessen mit einer Glas-Kalomel-Elektrodenmeßkette.
Temperatur	wie bei a)
Sprühmenge	(1,5 ± 0,5) ml/h als Mittelwert über eine Zeitspanne von 8 Stunden.
Vor- und Nachbehandlung	wie bei a)

c) Salzsprühnebelverfahren mit kupferchloridhaltiger Essigsäure-Natriumchlorid-Lösung (CASS DIN 50 021)

Das Verfahren entspricht der ASTM-Norm B 368–62 T. CASS sind die Anfangsbuchstaben von copper accelerated acetic acid – salt spray[2]). Die Übereinstimmung der Ergebnisse der CASS-Prüfung und der Freibewitterung kann vor allem für Nickel- und Doppelnickelbeschichtung als gut bezeichnet werden (Übereinstimmung: etwa 90 %).

Das Verfahren wird vorwiegend zur Korrosionsprüfung dekorativer Nickel-Chrom- und Kupfer-Nickel-Chromschichten auf Stahl oder Zinkdruckguß angewandt.

Prüflösung und Prüfbedingungen:

Prüflösung und pH-Wert	Lösung wie unter b); jedoch vor der Essigsäurezugabe werden 0,264 g/l Kupferchlorid ($CuCl_2 \cdot 2\,H_2O$ analysenrein) zugesetzt.

---

1) ASTM = American Society for Testing Materials

2) zu deutsch: Kupferbeschleunigtes Essigsäure-Salzlösung-Sprühverfahren.

Temperatur	(50 ± 1) °C. Temperaturregelung wird empfohlen. Die Druckluft muß so aufgeheizt werden, daß sie nach dem Entspannen 50 °C aufweist. Für die Aufheiztemperatur t (in °C) in Abhängigkeit vom Überdruck p (in kp/cm^2) gilt die folgende Beziehung:

$$t = 10{,}71 \cdot p + 53$$

p	0,70	0,84	0,98	1,12	1,26	1,40	kp/cm^2
t	60,5	62	63,5	65	66,5	68	°C

Sprühmenge	(1,5 ± 0,5) ml/h als Mittelwert über eine Zeitspanne von 16 Stunden (wie bei a).
Vor- und Nachbehandlung	wie bei a)

Die Prüfzeit wird im Prüfbericht als „Stunden-CASS" angegeben. Ein CASS-Zyklus bedeutet: Die Proben werden dem Salznebel 16 Stunden ausgesetzt. Im allgemeinen wird eine Beständigkeit von zwei Zyklen als ausreichend angesehen (vgl. Tabelle IV.6).

2. Schwitzwasser-Wechselklimaprüfung in SO_2-haltiger Atmosphäre (nach Kesternich; DIN 50 018)

Bei Kohle- oder Heizölverbrennung entsteht Schwefeldioxid (SO_2). Die Luft in Städten und Industriegebieten ist daher mit SO_2 angereichert. *Durchführung der Prüfung:* Die Proben werden in einen Prüfraum eingehängt, der 300 ± 10 Liter Inhalt hat. Die Bodenwanne des Geräts [1]) wird mit 2 Liter destilliertem Wasser gefüllt. In den Prüfraum werden 0,2 oder 2 Liter Schwefeldioxid eingeführt [2]). Wenn Nickelschichten mit oder ohne Chromauflage geprüft werden sollen, wird die geringere SO_2-Konzentration empfohlen. Nach der Beschickung wird die Bodenheizung eingeschaltet. Ein Kontaktthermometer hält die Lufttemperatur bei 40 ± 3 °C. Die relative Luftfeuchte beträgt 100 %.

Ein Zyklus dauert 24 Stunden. Er besteht aus zwei Teilen: 8 Stunden bleibt das Gerät bei eingeschalteter Heizung geschlossen, 16 Stunden wird die Haube hochgezogen oder die Tür des Geräts geöffnet bei abgeschalteter Heizung und möglichst 75 % Luftfeuchte (siehe DIN 50 014).

---

1) Lieferfirma: H. Köhler KG, Lipperode.

2) SO_2 wird aus Stahlflaschen entnommen oder aus Natriumsulfit und Schwefelsäure entwickelt. Je nach Konzentration: SFW 0,2 S oder SFW 2,0 S DIN 50 018.

Die Korrosionsbeständigkeit wird nach der Zahl der „Kesternichrunden" beurteilt, die die Probe ausgehalten hat, ohne Korrosion zu zeigen.

3. Schwitzwasser-Klimaprüfung (DIN 50 017)

Mit dem zuvor beschriebenen Gerät lassen sich auch Schwitzwasser-Klimatests durchführen. Hierbei wird kein Schwefeldioxid eingeblasen. Beim Schwitzwasser-Feuchte-Temperatur-Wechselklima (SFW DIN 50 017) verläuft ein Zyklus wie der Kesternich-Zyklus.
Beim Schwitzwasser-Temperatur-Wechselklima (STW 24 DIN 50 017) bleibt die relative Feuchte konstant 100 %; das Gerät wird geschlossen gehalten, nach 8 Stunden wird lediglich die Heizung ausgeschaltet. Beim Schwitzwasser-Konstantklima (SK DIN 50 017) wird die Heizung nicht ausgeschaltet.

4. Modifiziertes Corrodkote-Verfahren (DIN 50 958)

Das in den USA entwickelte Korrosionsprüfverfahren (ASTM – B 380-61 T) wird in Deutschland mit geringer Abänderung angewandt. Im allgemeinen werden Werkstücke aus Stahl oder Zinkdruckguß mit Nickel-Chrom, bzw. Kupfer-Nickel-Chrom-Überzügen geprüft. Auf den Prüfling wird eine Paste festgelegter Zusammensetzung aufgebracht, die gewissermaßen einen künstlichen Straßenschmutz darstellt. Dann wird das Probestück eine bestimmte Zeit lang dem Schwitzwasser-Konstantklima (SK) nach DIN 50 017 ausgesetzt.

a) Herstellung der Corrodkote-Paste

5,0 g analysenreines Kupfernitrat ($Cu(NO_3)_2 \cdot 3\,H_2O$) werden in destilliertem oder vollentsalztem Wasser gelöst, wobei im Meßkolben auf ein Liter aufgefüllt wird. In gleicher Weise wird eine Lösung von 5,0 g/*l* Eisen(III)-Chlorid ($FeCl_3 \cdot 6\,H_2O$) und eine Lösung von 100 g/*l* analysenreinem Ammoniumchlorid (NH_4Cl) hergestellt. Die Eisenchloridlösung ist nur zwei Wochen haltbar.
In der angegebenen Reihenfolge werden 7,0 ml Kupfernitratlösung, 33,0 ml Eisenchloridlösung, 10,0 ml Ammoniumchloridlösung und 30,0 g Kaolin in einem Becherglas zu einer streichbaren Paste verrührt.

Der Kaolin muß folgender Forderung entsprechen:

Tonsubstanzgehalt 93,0 ± 5 Gew-%
Rückstand auf Prüfsiebgewebe 0,063 DIN 4188 höchstens 0,10 Gew.-%
Gesamtalkaligehalt (als K_2O und Na_2O) höchstens 0,60 Gew.-%.

Die Prüfung darf nur mit einer Paste durchgeführt werden, die nicht älter als zwei Wochen ist.

Die Paste kann auch folgendermaßen hergestellt werden:

1,00 g Eisen(III)-Chlorid, 0,20 g Kupfernitrat und 6,00 g Ammoniumchlorid werden in 50 ml destilliertem oder vollentsalztem Wasser gelöst. Hierzu werden 180 g Kaolin und 250 ml destilliertes Wasser zugesetzt. Die Mischung wird zu einer streichbaren Paste gut verrührt. Zur Herstellung dürfen nur Glas- oder Porzellangeräte verwendet werden. Die Paste wird in Glas- oder Polyäthylenflaschen aufbewahrt. Sie darf höchstens zwei Wochen alt sein.

b) Durchführung der Prüfung

Die Probestücke werden entfettet (organische Lösungsmittel oder Wiener Kalk). Dabei darf der Überzug nicht angegriffen und keine Schutzschicht gebildet werden.

Die Paste wird mit einem sauberen, weichen Pinsel auf die Probestücke aufgetragen. Zunächst wird bei kreisender Pinselbewegung die Prüfstelle mit Paste bedeckt. Danach wird die Paste durch leichte, in einer Richtung verlaufende Pinselstriche gleichmäßig verteilt.

Die Naßschichtdicke soll zwischen 25 und 75 μm liegen. Eine Kontrolle wird empfohlen. Man läßt die Paste eine Stunde lang in einem Raum mit trockener Atmosphäre, die frei von Staub und agressiven Gasen und Dämpfen ist, trocknen.

Danach werden die Probestücke in einem Klimaraum gelagert, in dem gemäß dem Schwitzwasser-Konstantklima SK nach DIN 50017 bei einer relativen Feuchte von 100 % eine Temperatur von 40 ± 3 °C eingestellt und aufrecht erhalten wird. Schwitzwasser darf nicht auf die Probestücke tropfen. Die Probestücke müssen so angeordnet werden, daß die Prüfflächen waagerecht liegen und sich nicht berühren. Das Probengestell darf nicht korrodieren oder zu Kontaktkorrosion Anlaß geben (günstig ist ein Glasgestell).

Normalerweise bleiben die Proben 16 Stunden im Klimaraum. Nach der Entnahme werden sie sofort unter fließendem, kalten Wasser mit einem weichen Lappen oder Kunststoffschwamm vollständig von der Paste befreit. Festhaftende Stoffe dürfen mit einem milden Scheuermittel (z. B. aufgeschlämmter Wiener Kalk) beseitigt werden.

Je nach Vereinbahrung kann die Behandlung, mit dem Neuauftrag der Paste beginnend, mehrfach wiederholt werden.

Da mit der Reinigung auch die Korrosionsprodukte entfernt werden, ist unter Umständen nur schwer zu erkennen, ob das Grundmetall oder eine Zwischenschicht des Überzugs frei liegt. Hier empfiehlt es sich, die Proben nach dem letzten Behandlungszyklus nochmals 24 Stunden im Klimaraum unter gleichen Bedingungen wie zuvor zu lagern.

c) Auswertung der Prüfung und Prüfbericht

Es kann ausgewertet werden:

In Anlehnung an DIN 53 210 in Korrosionsgraden 0 bis 5:

Kennziffer	Korrosionsangriff in % der Gesamtfläche	Bewertung
0	0 %	sehr gut
1	weniger als 1 %	gut
2	weniger als 3 %	gut
3	weniger als 15 %	mäßig
4	30...70 %	schlecht
5	über 70 %	sehr schlecht

Durch Auszählen der Korrosionspunkte je Flächeneinheit:

Mit Hilfe eines Netzes mit Gitterquadraten von 5 mm Seitenlänge, das über die Probenfläche gelegt wird. Es werden die Gitterquadrate, in denen Fehlstellen liegen, ausgezählt und zur Gesamtgitterzahl ins Verhältnis gesetzt.

Im Prüfbericht wird die Norm angegeben, ferner die Art der Probeentnahme, die Anzahl der Probestücke, die Dauer eines Prüfzyklus, die Zahl der Prüfzyklen, die Behandlung zum Erkennen der Stellen, an denen das Grundmetall freiliegt, das Auswerteverfahren, das Ergebnis der Prüfung, gegebenenfalls Abweichungen von der Norm und Prüfdaten.

5. Deutsche Normvorschläge für galvanische Nickel-Chrom- und Kupfer-Nickel-Chrom-Überzüge auf Stahl, Kupfer und Kupferlegierungen, Zink und Zinklegierungen (DIN 50 967)

a) Beanspruchungsstufen

Die zu erwartende Korrosionsbeanspruchung wird durch die nachfolgenden Stufen gekennzeichnet:

4 außerordentlich stark
3 stark
2 mäßig
1 mild
0 praktisch keine Beanspruchung

b) Kennzeichnung des Grundmetalls und des Schichtaufbaus

Zur Kennzeichnung der beteiligten Metalle werden Kurzzeichen eingeführt. Ein Kurzzeichen besteht aus:

dem chemischen Symbol für das Grund- bzw. Basismetall (im Falle einer Legierung) mit Schrägstrich dahinter;

den chemischen Symbolen der Überzugsmetalle;

einer Zahl direkt hinter dem Schichtmetallsymbol, die die Mindestschichtdicke im μm des betreffenden Überzugs angibt;
(entfällt für die Vorverkupferungsschicht vor der Vernicklung von Zinkdruckguß)
einem Buchstaben, der gegebenenfalls besondere Eigenschaften des Überzugs (bei Chrom auch die Mindestschichtdicke) kennzeichnet.

Beispiel: **Stahl als Grundmetall mit 20 μm Kupfer, 25 μm Doppelnickel, mikrorissig glanzverchromt = Fe/Cu 20 Ni 25 d Cr mc**

Für Nickelüberzüge bedeuten die Buchstaben:

b Glanznickel

p Matt- oder Halbglanznickel, dessen Gehalt an Schwefel unter 0,005 % liegt und das die Anforderung der Dehnungsprüfung gemäß Seite 163 erfüllt (Dehnungswert größer als 8 %).

d Doppel- oder Dreifachnickel, wobei die Grundnickelschicht eine p-Nickelschicht ist und die Glanznickelschicht mehr als 0,04 % Schwefel enthält. Die Grundnickelschicht (p-Schicht) soll bei Doppelnickel mindestens 60 %, bei Dreifachnickel mindestens 50 % der Gesamtnickelschichtdicke betragen. Die Dicke der Glanznickelschicht soll in beiden Fällen mindestens 20 % betragen. Bei Dreifachschichten soll die Mittelschicht 10 % der Gesamtnickelschichtdicke nicht übersteigen und mehr Schwefel enthalten als die Glanznickelschicht.

Für Chromüberzüge bedeuten die Buchstaben:

r Glanzchrom mit einer Mindestschichtdicke von 0,3 μm

f rißfreies Glanzchrom mit einer Mindestschichtdicke von 0,8 μm. Die Rißfreiheit des Chromüberzugs ist bei mindestens 100-facher Vergrößerung im Auflichtmikroskop zu prüfen.

mc mikrorissiges Glanzchrom als Einzel- oder Doppelschicht, das mehr als 250 Risse je Zentimeter in jeder Richtung und ein geschlossenes, bis auf die Nickelschicht durchgehendes Rißnetzwerk an den wesentlichen Stellen aufweist. Normalerweise ist hier für eine Mindestschichtdicke von 0,8 μm erforderlich [1]. Das Rißnetzwerk ist zu prüfen.

mp mikroporiges Glanzchrom, das mehr als 10 000 Poren je cm^2 hat, die mit bloßem Auge nicht sichtbar sind, und das eine Mindestschichtdicke von 0,25 μm hat [2].

---

1) **Geringere Schichtstärken sind zulässig, wenn das Rißnetzwerk damit erreicht wird und die geforderte Beständigkeit gegeben ist.**

2) Mikroporiges Chrom wird dadurch erhalten, daß man als Unterlage eine 1 bis 3 μm dicke Nickelschicht abscheidet, in der inerte, nicht leitende Teilchen von 0,02 bis 0,5 μm Korndurchmesser eingelagert sind. Ein Abscheiden dieser Schicht auf Doppelnickel wird hierbei nicht als insgesamt Dreifachnickel bezeichnet.

c) Überzugssysteme und Beanspruchung

Tabelle IV.5: Überzugssysteme

Beanspruchungsstufe	Nickel-Chrom-Überzüge		
	auf Stahl	auf Kupferwerkstoffen	auf vorverkupferten Zinkwerkstoffen
4	Fe/Ni 30 d Cr mc Fe/Ni 30 d Cr mp Fe/Ni 40 d Cr r Fe/Ni 30 p Cr mc Fe/Ni 30 p Cr mp	Cu/Ni 25 d Cr mc Cu/Ni 25 d Cr mp Cu/Ni 30 d Cr f Cu/Ni 30 d Cr r Cu/Ni 25 p Cr mc Cu/Ni 25 p Cr mp Cu/Ni 30 p Cr r Cu/Ni 25 b Cr mc Cu/Ni 25 b Cr mp	Zn/Cu 8 Ni 30 d Cr mc Zn/Cu 8 Ni 30 d Cr mp Zn/Cu 8 Ni 40 d Cr r Zn/Cu 8 Ni 30 p Cr mc Zn/Cu 8 Ni 30 p Cr mp
3	Fe/Ni 25 d Cr mc Fe/Ni 25 d Cr mp Fe/Ni 30 d Cr r Fe/Ni 25 p Cr mc Fe/Ni 25 p Cr mp Fe/Ni 30 p Cr r Fe/Ni 30 b Cr mc Fe/Ni 30 b Cr mp Fe/Ni 40 b Cr r	Cu/Ni 15 p Cr mc Cu/Ni 15 p Cr mp Cu/Ni 20 p Cr r Cu/Ni 15 b Cr mc Cu/Ni 15 b Cr mp Cu/Ni 20 b Cr f Cu/Ni 20 b Cr r	Zn/Cu 8 Ni 25 d Cr mc Zn/Cu 8 Ni 25 d Cr mp Zn/Cu 8 Ni 30 d Cr r Zn/Cu 8 Ni 25 p Cr mc Zn/Cu 8 Ni 25 p Cr mp Zn/Cu 8 Ni 30 p Cr r Zn/Cu 8 Ni 30 b Cr mc Zn/Cu 8 Ni 30 b Cr mp Zn/Cu 8 Ni 40 b Cr r
2	Fe/Ni 15 p Cr mc Fe/Ni 15 p Cr mp Fe/Ni 20 p Cr r Fe/Ni 15 b Cr mc Fe/Ni 15 b Cr mp Fe/Ni 20 b Cr r	Cu/Ni 10 b Cr r [1])	Zn/Cu 8 Ni 15 p Cr mc Zn/Cu 8 Ni 15 p Cr mp Zn/Cu 8 Ni 20 p Cr r Zn/Cu 8 Ni 15 b Cr mc Zn/Cu 8 Ni 15 b Cr mp Zn/Cu 8 Ni 20 b Cr r
1	Fe/Ni 10 b Cr mc Fe/Ni 10 b Cr mp Fe/Ni 10 b Cr r	Cu/Ni 5 b Cr r [1])	Zn/Cu 8 Ni 10 b Cr mc Zn/Cu 8 Ni 10 b Cr mp Zn/Cu 8 Ni 10 b Cr r
0 [1])	Fe/Ni 5 b Cr r	Cu/Ni 3 b Cr r	

Innerhalb der jeweiligen Beanspruchungsstufe stellt die Reihenfolge der Überzugssysteme keine Qualitätsstufung dar.

[1]) Eine Mindestdicke des Chromüberzugs kleiner 0,3 μm kann vereinbart werden. Eventuell werden auch Kurzzeitprüfungen zwischen Hersteller und Abnehmer abgesprochen.

Tabelle IV.5 (Fortsetzung)

Beanspruchungsstufe	Kupfer-Nickel-Chrom-Überzüge	
	auf Stahl	auf vorverkupferten Zinkwerkstoffen
4	Fe/Cu 20 Ni 25 d Cr mc Fe/Cu 20 Ni 25 d Cr mp Fe/Cu 20 Ni 30 d Cr r Fe/Cu 20 Ni 25 p Cr mc Fe/Cu 20 Ni 25 p Cr mp Fe/Cu 20 Ni 25 b Cr mc Fe/Cu 20 Ni 25 b Cr mp	Zn/Cu 20 Ni 25 d Cr mc Zn/Cu 20 Ni 25 d Cr mp Zn/Cu 20 Ni 30 d Cr r Zn/Cu 20 Ni 25 p Cr mc Zn/Cu 20 Ni 25 p Cr mp Zn/Cu 20 Ni 25 b Cr mc Zn/Cu 20 Ni 25 b Cr mp
3	Fe/Cu 15 Ni 20 d Cr mc Fe/Cu 15 Ni 20 d Cr mp Fe/Cu 15 Ni 25 d Cr r Fe/Cu 15 Ni 20 p Cr mc Fe/Cu 15 Ni 20 p Cr mp Fe/Cu 15 Ni 25 p Cr r Fe/Cu 20 Ni 20 b Cr mc Fe/Cu 20 Ni 20 b Cr mp Fe/Cu 20 Ni 30 b Cr r	Zn/Cu 15 Ni 20 d Cr mc Zn/Cu 15 Ni 20 d Cr mp Zn/Cu 15 Ni 25 d Cr r Zn/Cu 15 Ni 20 p Cr mc Zn/Cu 15 Ni 20 p Cr mp Zn/Cu 15 Ni 25 p Cr r Zn/Cu 20 Ni 20 b Cr mc Zn/Cu 20 Ni 20 b Cr mp Zn/Cu 20 Ni 30 b Cr r
2	Fe/Cu 20 Ni 10 b Cr mc Fe/Cu 20 Ni 10 b Cr mp Fe/Cu 20 Ni 10 b Cr r	Zn/Cu 20 Ni 10 b Cr mc Zn/Cu 20 Ni 10 b Cr mp Zn/Cu 20 Ni 10 b Cr r
1	Fe/Cu 10 Ni 5 b Cr r	
0[1])	Fe/Cu 5 Ni 5 b Cr r	

d) Allgemeine Richtlinien

Wesentliche Oberfläche. Die wesentliche Fläche ist für das Aussehen bzw. die Beanspruchung des Werkstücks von Bedeutung und der Teil der Gesamtfläche, der durch den Überzug veredelt werden soll. Gegebenenfalls wird diese Fläche zwischen Abnehmer und Hersteller vereinbart, auf Zeichnungen angegeben oder durch Muster belegt. Wesentliche Stellen sollen mit einer Kugel von 20 mm Durchmesser berührt werden können. Ist dies nicht für alle wesentlichen Stellen der Fall, so muß vereinbart werden, an welchen für die Kugel zugänglichen Stellen die geforderte Mindestschichtdicke gemessen werden soll.

Kupfer- und Nickelschichtdicken werden nach DIN 50950 ausgemessen. (Vgl. IV.B.1 oder coulometrisch nach DIN 50955)

[1]) Siehe Fußnote S. 159.

Dünne Chromschichtdicken werden nach dem Tüpfelverfahren (DIN 50953) bestimmt.

Allgemeine Anforderungen an die Überzüge. Der Oberflächenzustand des Grundmaterials wird zwischen Hersteller und Abnehmer vereinbart.

Der Abnehmer der veredelten Ware gibt die Beanspruchungsstufe an sowie das geforderte Aussehen (z. B. glänzend, matt, seidenglänzend usw.). Der Hersteller kann die der Beanspruchungsstufe gemäß Schichtkombination frei wählen, wenn diese nicht vom Abnehmer vorgeschrieben wird. Der Hersteller gibt jedoch bei jeder Lieferung an den Abnehmer die Veredelungs-Schichtkombination mit ihrem Kurzzeichen an.

Wenn die Wahl der Kontaktstellen dem Hersteller nicht überlassen werden soll, muß sie vereinbart werden.

Im Einvernehmen mit dem Abnehmer werden Wärmebehandlungen von Stählen durchgeführt, einmal um die Gefahr der Wasserstoffbrüchigkeit zu mindern, zum andern um kaltverformte Stähle zu entspannen. Dies ist im allgemeinen nötig für Stähle mit Festigkeiten von 100 kp/mm² [1]) und höher, die nach dem Tempern geschliffen werden. Als Richtwert:

> Höchste zulässige Anlaßtemperatur für die Dauer von 30 Minuten oder 190 bis 210 °C für die Dauer von einer Stunde.
> Für gehärtete und dann geschliffene Stähle: 130 bis 150 °C, 1 Stunde.

Eine Wärmebehandlung kann auch nach dem Galvanisieren erforderlich sein für Werkstücke, die später starken Wechselbeanspruchungen ausgesetzt sind. Als Richtwert gilt:

> 190 bis 210 °C für die Dauer von 5 Stunden (unmittelbar nach dem Galvanisieren.) oder
> 170 °C für die Dauer von 15 Stunden.

Prüfungen

Korrosionsprüfungen. Prüfverfahren werden zwischen Hersteller und Abnehmer vereinbart. Die veredelten Werkstücke müssen bestimmte Testzeiten überstehen, ohne Schädigungen zu zeigen, um für die gewünschte Beanspruchungsstufe geeignet zu sein. Mit Hilfe der Korrosionsprüfmethoden wird kontrolliert, inwieweit die Qualität unverändert bleibt. Es ist damit

---

[1]) 100 kp/mm² entspricht rund 980 N/mm² = 980 MN/m²; N = Newton
MN = Meganewton.
In manchen Normen werden Kräfte bereits in Newton angegeben. 9,81 N = 1 kp.

Tabelle IV.6: **Prüfzeiten in Abhängigkeit von der Beanspruchung**

Die angegebenen Werte gelten als Normenvorschlag

Grundmetall	Beanspruchungs-stufe	Korrosionsprüfverfahren und Prüfzeiten in Stunden		
		Essigsäure-Salzsprüh-Verfahren	CASS-Verfahren	Corrodkote-Verfahren
Stahl	4	144	24	2 x 16
	3	96	16	16
	2	24	–	6
	1	8	–	–
Zink und Zink-legierungen	4	144	24	2 x 16
	3	96	16	16
	2	24	–	6
	1	8	–	–
Kupfer und Kupfer-legierungen	4	96	16	16
	3	24	–	6
	2	8	–	–
	1	–	–	–

nicht zwingend ausgesagt, daß die Kurzzeitprüfungen mit den Erfahrungen durch Langzeitprüfungen bezüglich des späteren Korrosionsverhaltens übereinstimmen.

Für alle Beanspruchungsstufen und Grundmetalle eignet sich der Essigsäure-Salzsprühtest (ES DIN 50 021) (vgl.: IV.C.1b). Für höhere Beanspruchungen kann auch der CASS-Test (CASS DIN 50 021) (IV.C.1c) und, beschränkt auf Stahl oder Zink als Grundmetall, der Corrodkote-Test (DIN 50 958) (IV.C.4) gewählt werden. In manchen Fällen wird auch das Schwitzwasser-Wechselklimaverfahren in SO_2-haltiger Atmosphäre (Kesternich-Test) gefordert (DIN 50 018) (IV.C.2).

Inwieweit sich das Aussehen der Werkstücke nach einer Prüfung verändert haben darf, vereinbaren Hersteller und Abnehmer miteinander. Jedes Probestück wird auf Fehlstellen oder Risse, die bis zum Grundmetall hindurchgehen, untersucht. Im allgemeinen hat ein Probestück die Prüfung nicht bestanden, wenn:

eine Fehlstelle größer als 2,5 mm^2 auftritt oder Risse ohne Lupe sichtbar sind; bei Verwendung eines Gitternetzes von 25 cm^2 Gesamtfläche mit Gitterquadraten von 5 mm Kantenlänge in 20 oder mehr Gitterquadraten Korrosionspunkte liegen oder

in 10 bis 19 Gitterquadraten Korrosionspunkte auftreten und das Verhältnis Gesamtgitterzahl zu Gitterzahl mit Fehlstellen kleiner als 9 ist.

Zur *Dehnbarkeitsprüfung* eines Nickelniederschlags wird ein Messingblech unter den gleichen Arbeitsbedingungen 25 μm stark vernickelt.

Das 1 mm dicke Messingblech (Cu Zn 37) mit einer Fläche von mindestens 200 × 60 mm^2 wird vorher einseitig mechanisch poliert. Nach dem Vernikkeln wird ein Streifen von 150 mm × 10 mm Fläche herausgeschnitten. Die Längskanten werden vorsichtig auf der vernickelten Seite glattgefeilt oder geschliffen.

Zur eigentlichen Prüfung wird der Prüfstreifen um einen Dorn von 11,5 mm Durchmesser gebogen, bis beide etwa gleichlangen Enden parallel verlaufen. Der herausgeschnittene Streifen wird vor dem Biegen auf der vernickelten Seite vorsichtig längs seiner Längskanten geschliffen. Beim Biegen zeigt die vernickelte Seite nach außen. Das Blech muß ständig am Dorn anliegen.

Nach der Biegung dürfen keine Risse auftreten. (Kleine Risse an den Kanten werden zugelassen.) Dann erfüllt die Vernicklung sicher die Mindestanforderung von 8 % Dehnung.

Risse und *Rißnetzwerke* in Chromüberzügen werden direkt nach dem Verchromen durch eine elektrolytische Kupferabscheidung in einer Lösung von 220 g/*l* kristallinem Kupfersulfat und 20 g/*l* Schwefelsäure bei Raumtemperatur und einer Stromdichte von 0,3 A/dm^2 nach 1 Minute sichtbar. Sind nach dem Verchromen mehrere Tage vergangen, so wird die Probe vor dem Verkupfern 4 Minuten bei 95 °C in 1...2 %ige Salpetersäure getaucht.

6. Phosphatschichten und ihre Prüfung (DIN-Entwurf 50 942)

Der DIN-Entwurf beinhaltet das Phosphatieren von Oberflächen aus Eisen und Stahl, Zink, Cadmium, Aluminium und entsprechender Legierungen. Die Phosphatschichten dienen hierbei zum Korrosionsschutz, als Haftgrund für Anstriche, als Aufnahmeschicht der Gleitmittel für spanlose Formgebung durch Ziehen oder Fließpressen oder der Schmiermittel zur Gleiterleichterung und als elektrische Isolierschicht. Abhängig von der Oberflächenbeschaffenheit, bedingt durch die mechanische und chemische Vorbehandlung der Werkstücke, und vom Phosphatierverfahren [1]) entstehen Phosphatschichten von unterschiedlichem Flächengewicht.

Zinkphosphatlösungen (Hauptbestandteil $Zn(H_2PO_4)_2$) liefern Schichten aus Zinkphosphat (Kurzzeichen: ZnpH), Manganphosphatlösungen (Hauptbestandteil $Mn(H_2PO_4)_2$) ergeben Manganphosphatschichten (Kurzzeichen: Mnph). Alkaliphosphatlösungen (Hauptbestandteil NaH_2PO_4 oder KH_2PO_4) erzeugen auf Eisenwerkstoffen Schichten aus Eisenphosphat (Kurzzeichen: Feph), auf anderen Werkstoffen (Zink, Aluminium) Phosphatschichten des

---

[1]) Siehe Bd. „Oberflächenschutzschichten und Oberflächenvorbehandlung“

Grundmetalls. Anstelle der Alkaliphosphate kann auch Ammoniumphosphat ($NH_4H_2PO_4$) als Hauptbestandteil der Phosphatierlösung treten.

Alle Phosphatschichten weisen eine porige Struktur auf.

Zinkphosphatschichten sind kristallin, hell- bis dunkelgrau gefärbt und lassen sich in Schichtdicken erzeugen, denen Flächengewichte von 1 bis 60 g/m² auf Eisen-, Zink- und Cadmiumwerkstücken und von 1 bis 10 g/m² auf Aluminiumwerkstücken entsprechen.

Manganphosphatschichten zeigen dunkelgraue bis schwarze Färbung, sind ebenfalls kristallin und können auf Eisenwerkstoffen Flächengewichte bis 60 g/m² aufweisen.

Phosphatschichten aus Alkali- oder Ammoniumphosphat-Lösungen lassen sich durch gelbliche bis blaugraue Anlauffarben erkennen. Ihre Flächengewichte sind auf Eisen oder Zink kleiner 1 bis 2 g/m² auf Aluminium kleiner 0,1 g/m².

a) Phosphatschichten zur Verbesserung der Korrosionsbeständigkeit

Die Korrosionsschutzwirkung der Phosphatschichten wird merklich verbessert, wenn sie in wäßrigen Lösungen, die sechswertiges Chrom enthalten, passiviert werden. Weitere Verbesserungen erzielen Nachbehandlungen durch Ölen oder Wachsen und vor allem durch Lackieren oder Kunststoffbeschichtung.
Tabelle IV.7a enthält einige Angaben über Korrosionsschutz-Phosphatschichten. Die Schichtdicke allein ist für die Schutzwirkung nicht als Maß zu nehmen.

Tabelle IV.7a: Korrosionsschutz durch Phosphatieren

Oberflächen-werkstoff	Schutzwirkung	Bevorzugte Schichtart	Bevorzugtes Flächengewicht in g/m²	Nachbehand-lung
Eisen, Stahl	Zeitweiliger Korrosionsschutz in trockenen Räumen	Feph Znph	0,1. . . 0,9 1. . . 5	keine keine
Eisen, Stahl	Längerer Korrosionsschutz in trockenen Räumen	Znph Mnph	5 10	keine keine
Eisen, Stahl	Dauerschutz in trockenen Räumen, zeitweiliger Korrosionsschutz im Freien	Znph Mnph	über 5 über 10	Schutzöle, Schutzwachse
Eisen, Stahl; Zink; Cadmium; Aluminium Eisen, Stahl	Dauerschutz im Freien; Karosserien, Kühlschrank-, Waschmaschinenbehälter, Bleche, Bänder	Znph Feph	1. . . 10 0,1. . . 1	Anstrich- oder Kunststoffbeschichtung

b) Phosphatschichten zur Erleichterung der Ziehverformung

Zur Aufnahme des Schmiermittels und Gewährleistung eines erwünschten Reibungskoeffizienten werden vorwiegend Zinkphosphatschichten erzeugt. Tabelle IV.7b enthält Angaben über bevorzugte Schichtflächengewichte für bestimmte Arten der Kaltverformung.

Tabelle IV.7b: Zinkphosphatschichten für Kaltverformung

Verformungsart	Flächengew. g/m^2	Verformungsart	Flächengew. g/m^2
Stahldrahtziehen	1 ... 5	Kaltfließpressen	über 10
Stahlrohrziehen	1 ... 4	Tiefziehen (konst. Wandst.)	1 ... 4
Präzisionsstahlrohrziehen	4 ... 10	Tiefziehen mit Wandstärkenverminderung	4 ... 10

c) Phosphatschichten zur Aufnahme von Schmiermitteln

Dadurch, daß die porige Phosphatschicht eine genügende Menge Schmiermittel aufnehmen kann, wird durch das Phosphatieren die Gleitreibung vermindert. Tabelle IV.7c enthält die bevorzugten Flächengewichte. Ihre Größe wird bestimmt durch die zugelassenen Spieltoleranzen.

Tabelle IV.7c: Manganphosphatschichten zur Verminderung der Reibung

Toleranzen	Bevorzugtes Flächengewicht g/m^2
Werkstücke mit kleinen Toleranzen	1 ... 3
Werkstücke mit großen Spielpassungen (Zahnräder, Getriebeteile u. ä.)	5 ... 20

d) Zinkphosphatschichten zur elektrischen Isolation

Der Oberflächendurchgangswiderstand je Flächeneinheit liegt zwischen 10^2 und 10^4 Ohm · cm^2 bei einem Elektrodenanpressdruck von 10 kp/cm^2. Er ist eine Funktion des Flächengewichts.

e) Charakterisierung der Phosphatschicht durch Kurzzeichen

Das Kurzzeichen kennzeichnet die Art, den Zweck, das Flächengewicht und die Nachbehandlung einer Phosphatschicht.

Schichtart: Znph, Mnph, Feph

Zweck der Schicht:	r =	Korrosionsschutz oder Haftgrund für Anstriche
	z =	Erleichterung der Kaltverformung
	g =	Verminderung der Gleitreibung
	i =	Elektrische Isolation
Nachbehandlung:	e =	Einfärben
	ft =	Einölen, Einfetten u. ä.
	w =	Wachsen
	a =	Aufbringen von Anstrichfilmen oder Kunststoffbeschichtung

Erfolgt keine Nachbehandlung, so bleibt das Kurzzeichen weg.

Beispiele: Znph r 5 a oder Znph z 6 oder Mnph r 8 ft

Wird kein Flächengewicht angegeben, so richtet sich der Hersteller nach den Angaben der Tabellen IV.7.

f) Prüfung der Phosphatschichten

Die Prüfung erstreckt sich auf das Aussehen, die Zusammensetzung der Schicht, die Ermittlung des Flächengewichts (und eventuell der Schichtdicke) und die Eignung der Schicht für den erwünschten Zweck.

Prüfung des Aussehens einer Phosphatschicht:

Die Phosphatschicht soll den Grundwerkstoff vollständig und gleichmäßig bedecken; ihre Kristallstruktur soll mit bloßem Auge oder einer zwei- bis fünffach vergrößernden Lupe erkennbar sein. (Ausnahme: Feph, ihre Struktur ist so noch nicht erkennbar.) Zink- und Mangan-Phosphatschichten dürfen keine Flecken zeigen [1]), keine Korrosionsprodukte und keine Fingerabdrücke aufweisen. Nicht beanstandet werden Farbungleichheiten, die auf eine vorhergehende Wärmebehandlung oder eine Kaltverformung zurückzuführen sind. Ebenso sind Farberscheinungen in Zusammenhang mit einer Chromsäurepassivierung zulässig.

1) Weiße Stellen werden verursacht, wenn Phosphatierlösung nicht ausreichend herausgespült wird. Besser spülen!

Prüfung der chemischen Natur der Phosphatschicht:

Phosphatnachweis: Eine Probe mit etwa 100 cm^2 Oberfläche wird 100 ml 5 %iger 80 bis 90 °C heißer Natronlauge solange ausgesetzt, bis die Schicht abgelöst oder merklich angegriffen ist. Die Lauge wird dann filtriert. 25 ml des Filtrats werden mit Salpetersäure (1 : 1) [1]) angesäuert. Dazu werden 10 ml einer Molybdänlösung gegeben, die folgendermaßen hergestellt wird:

88,3	g	Ammoniummolybdat
34	ml	konzentrierte Ammoniaklösung
240	g	Ammoniumnitrat
1	l	destilliertes oder vollentsalztes Wasser

Spätestens nach etwa 15 Minuten zeigt ein gelber Niederschlag an, daß Phosphat vorhanden ist. Die Nachweisgrenze liegt bei 40 mg/m^2 Flächengewicht.

Zinknachweis [2]): 25 ml des oben erhaltenen Filtrats werden mit Salzsäure schwach angesäuert. Setzt man nun 5 ml einer 5 %igen Kaliumferrocyanidlösung zu, so zeigt ein grünweißer Niederschlag das Vorhandensein von Zink an.

Die Nachweisgrenze liegt bei 40 mg Zink je Quadratmeter Oberfläche.

Mangannachweis: Der Filterrückstand wird in warmer Salpetersäure (1 : 4) unter Zusatz einiger Tropfen dreiprozentiger Wasserstoffperoxid-Lösung gelöst. Überschschüssiges Wasserstoffperoxid wird durch Kochen zersetzt. Nach Abkühlen auf Raumtemperatur wird das vorhandene Mangan mit 0,5 g Natriumbismutat zu Permanganat oxydiert; hierbei färbt sich die Lösung rotviolett.

Die Nachweisgrenze liegt bei 10 mg Mangan je Quadratmeter Oberfläche.

Wird weder Zink noch Mangan nachgewiesen, so handelt es sich um eine Eisenphosphat- oder Cadmiumphosphatschicht je nach Grundmetall.

---

[1]) 1 Volumenteil HNO_3 (d = 1,40) + 1 Volumenteil dest. oder vollentsalztes Wasser.

[2]) Der Nachweis hat nur Sinn, wenn der Untergrund vor dem Phosphatieren kein Zink enthielt.

Bestimmung des Flächengewichts:

Eine Probe mit definierter Oberfläche A (in cm^2), deren Gewicht höchstens 200 g beträgt, wird vor und nach dem Ablösen der Phosphatierung auf 0,1 mg genau gewogen. Die Gewichtsdifferenz sei Δm; dann gilt für das Flächengewicht M:

$$M = \frac{\Delta m}{A} \cdot 10^4 \quad \text{in } g/m^2 .$$

Je kleiner das zu erwartende Flächengewicht ist, desto größer muß die abzulösende Fläche sein, um brauchbare Werte zu erhalten.
Tabelle IV.8 enthält geeignete Ablösemittel.

Tabelle IV.8: Ablösemittel für Phosphatschichten

Grundmetall	Art der Phosphatschicht	Ablösemittel	Temperatur °C	Zeit min
Eisen	Znph oder Feph	9 % Trilon BVT [1]) + 9 % Trilon B-Pulver + 9 % NaOH + 73 % H_2O	70	5 [2])
	Mnph	5 % CrO_3 + 95 % H_2O	70	15
Zink	Znph	5 % CrO_3 + 95 % H_2O	75	5
Cadmium	Znph	wie bei Eisen		
Aluminium	Znph	65 % HNO_3 + 35 % H_2O	25	15
		5 % CrO_3 + 95 % H_2O	75	5

Eine Berechnung der Schichtdicke aus dem Flächengewicht führt nur zu ungenauen Werten, da die Dichte der Phosphatschicht zwischen 1 und 2 g/cm^3 liegen kann. Zur genaueren Messung sind Feinmeßgeräte erforderlich.

g) Prüfung der Korrosionsschutzwirkung von Phosphatschichten ohne Nachbehandlung

Zur Prüfung können phosphatierte Werkstücke selbst oder gleichbehandelte Prüfbleche herangezogen werden. Die Prüfbleche sollen eine Mindestgröße von 100 mm × 200 mm besitzen. Für die Qualitäten gelten:

---

1) Lieferfirma für Trilon: BASF Ludwigshafen

2) Für Feph Ablösezeit 2 Minuten

Stahl:	USt 1405 m oder RRSt 1405 m nach DIN 1623 Blatt 1 (unberuhigter oder besonders beruhigter Stahl in Sondertiefziehgüte mit matter Oberfläche); Dicke; 0,75 ± 0,06 mm nach DIN 1541 Blatt 2. *Kurzbezeichnung:* Sondertiefziehblech 0,75 X 100 X 200 DIN 1541 USt 1405 m bzw. RRSt 1405 m.
Zink:	Hüttenzink 98,5 nach DIN 1706. Dicke: 0,75 ± 0,07 mm nach DIN 9721. *Kurzbezeichnung:* Bleche 0,75 X 100 X 200 DIN 9721 Zn 98,5.
Aluminium:	Al 99,5 nach DIN 1712. Dicke: 0,8 ± 0,06 mm nach DIN 1788. *Kurzbezeichnung:* Bleche 0,8 X 100 X 200 DIN 1753 Al 99 F 7.
Prüfmethode:	a) Salzsprühnebelverfahren nach S DIN 50021 oder b) Schwitzwasserkonstantklimaverfahren nach DIN 50017.

Mindesttestzeiten in Stunden, bevor erste Korrosionspunkte auftreten:

	Znph über 10 g/m²	Mnph über 16 g/m²
Salzsprühnebelverfahren:	2 Stunden	1,5 Stunden
Schwitzwasserkonstantklimatest:	16 Stunden	8 Stunden

h) Prüfung der Korrosionsschutzwirkung von Phosphatschichten mit Nachbehandlung durch Ölen, Fetten oder Wachsen

Die nachbehandelten Prüfbleche werden zunächst 24 Stunden lang in einem staubfreien Raum von 25 °C ± 2 °C und höchstens 50 % Luftfeuchte aufbewahrt, ehe die Korrosionsprüfung beginnt.
Mindesttestzeiten in Stunden, bevor Korrosionspunkte sichtbar werden:

	Znph 1...5 g/m²	Znph über 10 g/m²	Mnph über 16 g/m²
Salzsprühnebelverfahren:	1 Stunde	24 Stunden	24 Stunden
Schwitzwasserkonstantklimatest:	16 Stunden	168 Stunden	168 Stunden

Abhängig von der Phosphatschicht und ihrem Flächengewicht sowie der Art und dem Auflagegewicht des Imprägnierungsmittels können Prüfzeiten bis zu 1000 Stunden auftreten, bis sich Korrosionserscheinungen zeigen.

i) Prüfung der Korrosionsschutzwirkung von Anstrichmittelfilmen oder Kunststoffbeschichtungen mit Phosphatschichten als Haftgrund

Der Verwendungszweck von Werkstücken, die phosphatiert und mit Anstrichmittelfilmen oder Kunststoffbeschichtungen versehen sind, ist so vielfältig, daß keine genormten Richtlinien festgelegt werden können. Die z. B. für den Salzsprühnebel- oder Schwitzwasserkonstantklima-Test zu fordernden Beständigkeitszeiten werden im allgemeinen zwischen Hersteller und Abnehmer besonders vereinbart.

Die Prüfungen beginnen frühestens 48 Stunden nach einer Ofentrocknung bzw. nach der (vom Lieferwerk angegebenen) Aushärtungszeit der zuletzt aufgebrachten Schicht im Falle der Lufttrocknung.

Prüfung im Salzsprühnebel: Die Werkstücke oder Versuchsbleche werden auf einer beschichteten Seite mit einem gehärteten Stahlgriffel so angeritzt, daß ein Kreuz entsteht, wobei in den Rißlinien das Grundmetall freiliegt. Bei der Anordnung der Teile im Prüfraum wird beachtet, daß die wesentlichen Flächen mit der Ritzfigur nach oben 60 bis 75 Grad gegen die Waagrechte geneigt sind. In Zweifelsfällen werden die Prüflinge nach Vereinbarung aufgestellt.

Durch die Prüfung im Salzsprühnebel wird in erster Linie Unterwanderung, Bläschen- oder Blasenbildung und Schichtablösung in Abhängigkeit von der Prüfdauer festgestellt.

Wie die Prüflinge vor Zwischenbeurteilungen behandelt werden sollen, wird vereinbart [1]). Ebenso wird vereinbart, wie bei der Endbeurteilung verfahren werden und der Haftungsverlust festgehalten werden soll. Das „Ausmaß der im Bereich der Ritzstellen auftretenden Veränderungen" kann angegeben werden:

> als beiderseits der Ritzlinien verlaufende und senkrecht zu diesen liegende Strecke des freigelegten Bereichs in Millimetern,
>
> als eben diese Strecke, wobei die Beschichtung mit Hilfe eines Klebestreifens oder Abheben mit einem Messer (Rasierklinge) entfernt wird,

Das „Ausmaß der Veränderungen auf den übrigen Teilen der Oberfläche" kann festgehalten werden:

> durch Benotung nach DIN-Entwurf 53 209 der Bläschen- und Blasenbildung und
>
> Benotung nach DIN 53 210 der Bildung von Korrosionsprodukten (Rost, Weißrost).

---

1) Z. B. Abspülen von anhaftendem Kochsalz unter Leitungswasser und Trocknen durch vorsichtiges Abblasen mit Druckluft. Zur Endbeurteilung kann kräftiger abgeblasen werden.

Prüfung im Schwitzwasserkonstantklima: Durch besondere Vereinbarung kann festgelegt werden, daß die Prüfteile wie zuvor beschrieben angeritzt werden.

Durch die Prüfung im Schwitzwasserkonstantklima wird in erster Linie festgestellt, wie sorgfältig nach dem Phosphatieren gespült wurde, so daß auch die letzten Reste löslicher Elektrolyte und Salze entfernt wurden. Aufgetrocknete Rückstände dieser Art (auch aus Spülbädern) verursachen nach wenigen Prüfstunden Bläschenbildung in der Anstrichmittel- oder Kunststoffschicht in ketten- oder ringförmiger Anordnung. Fingerabdrücke auf der Phosphatschicht machen sich in ähnlicher Weise bemerkbar, wobei die Bläschen dem Abdruck entsprechend angeordnet sind.

Veränderungen, die die Schutzschicht selbst betreffen, für die die Phosphatierung den Haftgrund erzeugt, werden erkennbar in Form großer Blasen oder durch Abscheiden von Korrosionsprodukten. Allerdings treten diese Erscheinungen erst nach längerer Prüfzeit auf. Die Beurteilung erfolgt gemäß DIN-Entwurf 53 209 und DIN 53 210.

Sachwortverzeichnis

GPSR Compliance

The European Union's (EU) General Product Safety Regulation (GPSR) is a set of rules that requires consumer products to be safe and our obligations to ensure this.

If you have any concerns about our products, you can contact us on ProductSafety@springernature.com

In case Publisher is established outside the EU, the EU authorized representative is:

Springer Nature Customer Service Center GmbH
Europaplatz 3
69115 Heidelberg, Germany

Batch number: 10584556

Printed by Printforce, the Netherlands